Juan Bordera, Antonio Turiel
y Fernando Valladares

¿El final de las estaciones?

Razones para el decrecimiento
y para la rebelión de la ciencia

Primera edición, enero 2024
Segunda edición, febrero 2024
Tercera edición, marzo 2024

© de los textos Juan Bordera, Antonio Turiel y Fernando Valladares
© del prólogo Yayo Herrero
© de la portada Alberto Fernández
© Escritos Contextatarios (Revista Contexto, S.L.)

Escritos Contextatarios
Directores de la colección: Ignacio Echevarría y Miguel Mora
Edición del texto: Ignacio Echevarría y Miguel Mora
Diseño de la colección: Alberto Fernández
Maquetación de la colección: Ignacio Rubio

Editorial Escritos Contextatarios,
calle Bravo Murillo 28, 8º izquierda, 28015 Madrid

Revista Contexto SL
info@ctxt.es
www.ctxt.es

ISBN: 978-84-127996-1-3
DL: M-35794-2023

Impreso por Quares en España

Juan Bordera, Antonio Turiel
y Fernando Valladares

¿El final de las estaciones?

Razones para el decrecimiento
y para la rebelión de la ciencia

Prólogo de Yayo Herrero

Escritos
Contextatarios

Índice

Prólogo

Un aviso rabioso y dolorido

Yayo Herrero

Habitamos un mundo extraño en el que las convicciones y creencias sobre las que se han construido las políticas, las economías y las vidas cotidianas durante los últimos siglos hacen aguas.

En una cultura como la occidental, supuestamente emancipada de la Tierra y del resto del mundo vivo, el tratamiento de los «problemas ecológicos» ha sido abordado como una cuestión ética e incluso estética que no atañía al orden social. En los últimos años, una buena parte de la sociedad empieza a darse cuenta, con incredulidad, de que en realidad lo que llamamos naturaleza constituye un agente económico y político con el que no se puede negociar, y que lo que está en juego es cómo sobrevivir con dignidad en territorios amenazados. Un nuevo orden ecosocial comienza a organizar todas las afiliaciones políticas y sociales. Incluso las de los que niegan la mutación climática o los límites, rechazan los conceptos pero no pueden dejar de hablar de agua, calor, fiebre hemorrágica epizoótica, incendios, pérdida de cosechas, subida de los precios de los fertilizantes, materiales de construcción o minerales e inestabilidades en los suministros.

Formamos parte de una trama de la vida en la que todo se interconecta y al hacerlo genera las propias condiciones de vida para todos. No es magia ni mística. Es química, son señales térmicas, son relaciones interdependientes, de simbiosis, fruto de un proceso de ensayo y error que comenzó hace casi 4.000 millones de años y que tiene como principal finalidad el mantenimiento de la vida.

No hay economía, ni tecnología, ni alimentos ni energía fuera de la trama de la vida. No hay vida humana fuera de la trama de la vida. Sin embargo, la sagrada trinidad que forman la combinación de la energía fósil, la tecnología y el capitalismo posibilitaron temporalmente materializar el sueño de la desconexión a costa de mutar los territorios en zonas de sacrificio y muchas vidas humanas en mero recurso o desecho. El capitalismo y la tecnociencia se aliaron para crear la promesa de que todo el mundo podría vivir bajo las bondades de un modo de vida que solo era viable físicamente para algunos.

La desmesura extractiva y de generación de residuos está provocando la mutación descontrolada en términos humanos del funcionamiento de la biosfera. Lo que llamamos crisis ecológica afecta a la humanidad entera. La cuestión ecosocial no es un aspecto colateral de la política o la economía. Es el contexto físico que define y rodea el orden social y económico en su totalidad y tensiona brutalmente un orden económico que tiene una sola prioridad: el crecimiento y la acumulación expansiva de capital.

Este libro que tengo la suerte de prologar compone parte del complejo mosaico que se necesita para comprender el momento que estamos viviendo y pensar cómo poder actuar en él.

Los textos corresponden en su mayoría a reflexiones de Juan Bordera, Antonio Turiel y Fernando Valladares, acompañados por las voces de otros autores y autoras como Agnès Delage, Alejandro Pedregal, Alberto Coronel, Irene Calvé Saborit, Alfons Pérez, Marta García Pallarés, Javier de la Casa, Fernando Prieto, Ferrán Puig Vilar y la del propio Dennis Meadows. Todas estas personas y, por supuesto, los tres autores principales, son referentes a la hora de analizar las complejidades y aristas de la crisis ecosocial y del colapso, mutación, desmoronamiento o largo declive —quizás no tan largo— del orden civilizatorio dominante. Llamo civilización a una sociedad compleja definida por su forma de organización, sus instituciones y su estructura social, su tecnología, la forma de relación con los recursos disponibles, así como a las utopías, anhelos y sueños que proyecta.

Los textos que componen este libro cumplen varios propósitos. Hay algunos fundamentalmente pedagógicos, que acercan a las personas las dimensiones más complejas del caos climático, los límites de tecnologías como el hidrógeno verde o la generación de energía a partir de la fusión. Otros tratan de relacionar fenómenos como la guerra, las migraciones o el genocidio de Gaza. No para establecer una determinación o causalidad entre ellas, pero sí para mostrar relaciones y complejizar análisis con frecuencia desconectados y simplificadores.

En este prólogo sólo se mencionan algunos de los aspectos que me han resultado más relevantes y presentes en todos los artículos, aunque son muchas más las cuestiones de interés y debate.

En primer lugar, estos textos alertan del desastre global que puede suponer la gestión capitalista de la crisis ecosocial. La situación es seria en sí misma, pero lo que resulta letal es que la prioridad sea mantener el crecimiento y los beneficios como sea.

El orden político dominante se está reorganizando para manejar las contradicciones explosivas de un capitalismo global en crisis. Se está transitando hacia formas de control social coercitivo. Surgen proyectos autoritarios, algunos explícitos y otros más o menos camuflados, que tratan de responder a la crisis mundial. Las élites dominantes tratan de mantener bajo control a quienes sienten miedo, ira y malestar.

El capitalismo responde a la crisis ecosocial creando un estado policial y de vigilancia a escala mundial que controle posibles protestas, revueltas populares o insumisiones al *statu quo*. Lo cierto es que las desigualdades son cada vez más agudas y la concentración de la riqueza y del poder es cada vez mayor. La humanidad considerada sobrante crece a pasos agigantados. Por ello, el control social, la vigilancia y la represión son cada vez más urgentes para las élites.

En un contexto de translimitación, el capitalismo mundializado ha «perfeccionado» los mecanismos de apropiación de tierra, agua, energía, animales, minerales, urbanización masiva, privatizaciones y explotación del trabajo humano. Los instrumentos financieros, la deuda, las compañías aseguradoras, y el entramado de leyes y tratados internacionales allanan el camino para despojar a los pueblos, destruir los territorios, desmantelar la red de protección pública y comunitaria que pudiese existir y criminalizar y reprimir las resistencias que surjan.

A la acumulación por desposesión que enunció David Harvey se une lo que William Robinson ha denominado «acumulación por represión» en *Mano dura. El estado policial global, los nuevos fascismos y el capitalismo del siglo XXI*. Guerras de baja intensidad y alta intensidad, represión, fronteras militarizadas, guerras contra las drogas, los migrantes, el terrorismo, las minorías raciales y religiosas... El conflicto social se convierte en una oportunidad para acumular capital. El Estado policial global se convierte en la fuente de beneficios.

Gaza es un ejemplo de lo que las élites hacen para controlar a la humanidad que consideran sobrante. Inglaterra colonizó Palestina y se la cedió a Israel, que ocupó militarmente Cisjordania y Gaza. Hasta hace poco, los palestinos eran la mano de obra barata que Israel utilizaba. La nueva estrategia es la explotación de mano de obra *just in time*, que en cualquier momento puede ser deportada, que no tiene derechos económicos o políticos. Así que Israel, con el apoyo de Estados Unidos y la permisividad de los gobiernos europeos —no de sus poblaciones— extermina y masacra a la sociedad civil en un genocidio televisado.

Una segunda cuestión relevante es la que tiene que ver con la desobediencia y la represión del activismo. Los artículos de este libro hacen una fuerte defensa de la desobediencia civil como estrategia de lucha. De hecho algunos de sus autores participan en movimientos como Rebelión Científica o Extinction Rebellion, que junto a Futuro Vegetal están sufriendo el acoso judicial y el intento de amedrentamiento, de momento a través de denuncias y detenciones.

Se expresa en uno de ellos:

«Necesitamos olas de desobediencia civil no violenta por todo el planeta para frenar las olas de calor que amenazan nada más y nada menos que a la vida en general. Si alguien conoce un método mejor y más efectivo, ya está tardando en ponerlo en práctica. Le ayudaremos».

Yo diría que la desobediencia civil es clave, pero también lo es la organización de movimientos por abajo que además de la protesta se conecten con la reconstrucción y la autogestión, y que a la vez que consigan funcionar como elemento de presión en las instituciones. La desobediencia sin brazo político u organización puede ser cooptada por la ultraderecha. En mi opinión, hay movimientos prometedores, pero aún muy lejanos de lo que necesitamos.

En tercer lugar, la propuesta que late en todos los artículos es la apuesta por el decrecimiento. Para hablar de decrecimiento es fundamental determinar qué es lo que ha de decrecer. Es la dimensión biofísica del metabolismo social. No solo es que se deba contraer por una determinada voluntad ética y política, es que decrecerá de todos modos por la superación de límites biofísicos. Esta cuestión está contundente y rigurosamente desarrollada en este libro.

Pero en contextos de decrecimiento material, para que las vidas se sostengan, hay partes del metabolismo social que han de crecer y complejizarse. Las sociedades y comunidades que se mantienen sobre relaciones de reciprocidad y apoyo mutuo, sobre el reparto y el cuidado corresponsable y compartido, con capacidades de autogestión y autogobierno y densamente relacionadas con los ecosistemas y seres vivos no humanos son extremadamente complejas. Esas relaciones complejas hay que construirlas y son antagónicas con las relaciones que se establecen en las sociedades capitalistas.

El decrecimiento es, para mí, por tanto, el contexto material en el que hay que desarrollar propuestas políticas complejas que se centren en garantizar condiciones dignas de existencia. Habrá decrecimiento material de todos modos. Puede ser un decrecimiento capitalista —que ya empiezan a nombrar— y monstruoso, que mantenga élites que siguen acumulando y que expulse masivamente vida humana y no humana.

O puede ser uno justo, de sociedades libres, justas y democráticas, que organicen la contracción material bajo el principio de suficiencia (entendida como el derecho a lo suficiente y la obligación de no tener más de lo necesario), una fuerte redistribución de la riqueza y el objetivo de sostener las vidas concretas dignas y con derechos. A este decrecimiento justo es al que aspiran los autores del libro.

Obliga a poner la garantía de condiciones de vida de las personas y la responsabilidad de la cobertura de las necesidades básicas en primer plano, con la misma importancia y detalle que otorgamos a la contracción material y reducción de la huella ecológica colectiva. No se trata de apuntar solo a un proceso de frugalidad individual generalizado —esa es la imposición del capitalismo—, sino a la reivindicación y construcción de derechos básicos para mucha gente que no los tiene.

Sin entender la magnitud y complejidad de la crisis ecosocial corremos el riesgo de que la forma política de abordar la contracción de la esfera material de la economía se centre en indicadores de emisiones de gases de efecto invernadero o tasas de retorno energético y olvide que lo que queremos sostener, además de la vida en su conjunto, son las vidas concretas. De no hacerlo, la transición ecológica será puro capitalismo enunciado como verde. Los análisis y propuestas ecofeministas, menos presentes en estos textos, han trabajado mucho estas cuestiones y proporcionan un andamiaje conceptual, en mi opinión, imprescindible para hacer este camino.

Sostiene el texto que «necesitamos un plan de contracción adecuado, un plan de transición lento y pausado, con mucho trabajo a pie de campo, mucho ensayo y error, hasta poder conseguir que las cosas funcionen sobre el terreno, en todos los ámbitos, desde el sector primario hasta el industrial y el de los servicios».

La historia no está escrita todavía, pero es un momento crucial marcado por las amenazas de los totalitarismos neoliberales de ultraderecha, de la guerra y el genocidio. Repensar la vida en común en estos tiempos extraños es posible, pero para ello es preciso mirar dónde estamos y obligarnos a redefinir las cuestiones más antiguas de la justicia social y de la política.

Este libro no hace una predicción agorera. Es un aviso rabioso y dolorido. Se tiñe del dolor y la rabia de quienes aman la vida y a la gente, de aquellos a quienes les importan todas las vidas y no se resignan a descartarlas.

Prefacio

Una salida entre dos guerras para una civilización en entredicho

Juan Bordera

Apenas un año y medio ha transcurrido desde la publicación del primer texto recopilado en este libro y, sin embargo —es lo que tiene vivir en los trémulos tiempos de la Gran Aceleración—, hay que ver la cantidad de cosas que han pasado. Especialmente en los dos campos que nos suelen ocupar a los que aquí escribimos: caos climático y crisis energética. Dos campos que entretejen entre ellos gran parte de nuestras posibilidades. Como si fueran los dos lápices que dibujan los contornos de los futuros que tenemos al alcance. En realidad, los de cualquier civilización. Nada es más decisivo para una civilización que su adaptación a un ecosistema, que por naturaleza siempre será cambiante, y a la energía de la que dispone, aunque sea en forma de alimento.

En este breve lapso de año y medio hemos visto degenerar la situación climática por encima de las expectativas de cualquiera. Fenómenos extremos, récords de todo tipo destrozados, cosechas fallidas... Por el contrario, la crisis energética ha ido gestándose más subrepticiamente debido a que los inviernos han sido más cálidos de lo que cabía esperar y desear. Esto puede cambiar matices de ese dibujo, de ese contorno, pero no cambia el diagnóstico de fondo, que sigue siendo el mismo que cuando se escribió la primera letra de los textos aquí reunidos. La dependencia de los combustibles fósiles sigue siendo uno de los dos principales talones de Aquiles de nuestra civilización, pues, de momento, la tan cacareada transición energética ni está ni se la espera: 2022, récord de emisiones; 2023, récord de eventos climáticos extremos, de uso de carbón y también el primer año en el que sobrepasamos el aumento de 1'5 ºC respecto a la era preindustrial. Un límite físico aún no oficialmente traspasado, ya que se necesita un promedio de al menos una década, pero que a todas luces está más que superado debido, entre otros factores, a la inercia térmica del sistema climático.

Y seguimos igual, aumentando, creciendo —ese gerundio cada vez más indeseable a medida que crecen también las consecuencias— en casi todos los tipos de fuentes de energía de un mix energético que, mientras pretendamos que lo haga también la producción total de bienes y servicios, no puede hacer otra cosa que crecer también. Lo del desacoplamiento real sigue siendo el truco final —espóiler: tiene pinta de imposible— del capitalismo prestidigitador.

La desobediencia civil contra el uso del veneno/droga fósil al cual nuestras sociedades son adictas se está extendiendo como una mancha de aceite, aunque quizá no al ritmo que cabría esperar para que produzca un cambio suficiente. Activistas y científicos, en todo el mundo, principalmente en Europa, han alzado la voz como una suerte de anticuerpos ante la parálisis que nos sigue manteniendo más aturdidos de lo que nos podemos permitir. El colapso ecológico en marcha está siendo mucho más rápido que nuestra imprescindible respuesta. Los puntos de no retorno climáticos parecen estar más cerca de sobrepasarse que los puntos de inflexión sociales que necesitamos activar antes de que los primeros desestabilicen el clima para los próximos milenios y hagan de la vida un infierno. Al menos para la inmensa mayoría. De hecho, viendo la ruptura climática que ha supuesto el verano de 2023 para tantos elementos clave del sistema Tierra (Groenlandia y Antártida Occidental pasando probablemente su punto de no retorno, temperatura oceánica desbocada...), puede que ya lleguemos tarde. No lo podemos saber. Por eso mismo es crucial actuar como si fuera posible aún evitar el desastre, por mucho que se tengan razonables dudas al respecto. Hay que actuar con el convencimiento y la certeza de que apenas queda tiempo. No tendremos posibilidad alguna si seguimos alentando falsas esperanzas en un supuesto progreso que en realidad retrasa nuestros avances.

Queda por definir qué es aquello que podemos «lograr» aún. ¿Se trata simplemente de adaptarnos? ¿De mitigar? ¿Pero hasta qué punto? ¿Ayudan o retrasan las fantasías tecno-optimistas?

Es obvio que no ayudan en nada. Pensar que mágicamente aparecerán tecnologías al rescate para tantas cosas —almacenamiento, fusión nuclear, captura y secuestro de carbono, reciclaje de minerales (y la lista se va haciendo cada vez más y más larga)— es justo lo que nos impide reaccionar con la contundencia necesaria. Como si nos diagnosticaran un constipado cuando en realidad tenemos una enfermedad muy grave.

La comparación que pudimos realizar entre el resumen filtrado del informe climático más importante del mundo, el del Panel Intergubernamental del Cambio Climático (IPCC), y la versión finalmente aprobada y hecha pública (véase el último texto de este volumen) demuestra la necesidad que tienen los lobbies y gobiernos de sostener según qué relatos optimistas, basados nada más que en humo (de hecho, en capturarlo). Lo hemos vuelto a comprobar por vigesimoctava vez en la COP de Emiratos. Relatos muy convenientes, porque, al contrario de lo que algunos quieren hacer creer, lo que verdaderamente paraliza no es el pesimismo. Es la sensación de que hay tiempo la que más procrastinación provoca, la convicción de que alguien inventará algo: eso es lo que nos hipnotiza y nos inmoviliza. Somos como aquel tipo del chiste que, mientras iba precipitándose en un abismo, se decía: «De momento, todo va bien».

Dos apuntes más para tratar de delinear una ruta incierta: cada vez estamos asumiendo más dosis de fascismo en las «democracias occidentales». Ya no es que tengamos a buena parte del Sur Global de rodillas para mantener nuestras industrias extractivistas y nuestras transiciones verdes «cero emisiones», es que la sangre de las víctimas que provoca el mantenimiento de nuestra sociedad de consumo la tenemos cada vez más cerca. Y esta evolución consciente e inconsciente va calando en nuestros imaginarios. Basta observar lo que está ocurriendo en la vieja y desvencijada Europa en la última década. O lo que ocurre en el Mediterráneo, esa cámara de gas que ha mutado a estado líquido, donde la UE amuralla sus privilegios mientras abre las fronteras para continuar según qué convenientes expolios. Y qué decir de la permisividad con la que Occidente viene tolerando el genocidio de Israel en Gaza, que continúa mientras escribo estas líneas. Puedo asegurar, sin temor a equivocarme, que la acabaremos pagando. Ya veremos cómo, cuándo y dónde, pero el velo semitransparente de respetabilidad que cubría las vergüenzas de Occidente se está cayendo también con celeridad. La Era del Descenso Energético parece que va a ser también la del Descenso Moral, si no lo remediamos.

En un mundo que cada vez topa con más límites, de recursos y ecológicos, no nos debería preocupar tanto el crecimiento del fascismo como el fascismo del propio crecimiento. Los conflictos en los que nos veremos implicados crecerán por nuestra obstinada terquedad en mantener un crecimiento imposible de sostener. No es casualidad, sino causalidad, que este libro comience con un texto sobre una guerra que se recrudece y acabe con otra que se ha tornado velozmente en un auténtico genocidio a la vista de todo el mundo.

Por otro lado, la nota de color más positiva es que por fin se observa cierta apertura a debatir sobre eso del decrecimiento. Este es un paso imprescindible. Lo que no se nombra, lo que no se debate, ni existe ni llega a ser una realidad nunca. Como decía Álvaro García Linera, un cambio político viene precedido siempre de un cambio cultural previo. Y, aunque insuficientes y tímidos aún, pasos en esa dirección se están dando, como atestigua el creciente debate sobre el decrecimiento en los medios.

Siempre nos quedará la desobediencia, tan necesaria para activar resortes pedagógicos de esa batalla cultural imprescindible. La ciencia valiente, que no se cohíbe ante la tibieza equidistante y la moderación, tan de moda para sobrevivir. Y la participación y la organización social. Ellas son nuestra verdadera esperanza. Nuestra esperanza es la gente que aún cree en el poder de la sociedad civil para cambiar las cosas. La gente que es capaz de tolerar las diferencias y a su vez es intolerante con los intolerantes. En el fondo somos contradicciones con patas luchando por sobrevivir en un mundo aún más contradictorio. Luchamos porque sabemos que, para tener opciones de sobrevivir como especie, tenemos que detener un sistema que necesita acelerar para sobrevivir: si crece, se destruye; si no crece, no funciona.

Habrá que encontrar a tientas una salida para este laberinto que planteamos o, por el contrario, prepararse para adaptarnos a las consecuencias de no intentarlo.

¿El final de las estaciones?

La primera guerra de la
Era del Descenso Energético

El 24 de febrero de 2022, las tropas rusas invadieron Ucrania. Cuando las bombas rusas empezaron a caer, se inauguró una nueva era. El nuevo conflicto bélico en el corazón de Europa nos pilló por sorpresa, pero no debería habernos sorprendido tanto.

Se ha hablado mucho sobre las motivaciones geopolíticas y geoestratégicas de la invasión rusa, de las razones que llevaron a Vladímir Putin a tan osado acto de agresión. Por lo general, intentando entender, más que justificar, el porqué de esta atrocidad. La anexión del rico y rusófilo Donbás, el control del mar Negro, la intención de poner un gobierno dócil en Kiev, el freno a la poco decorosa expansión de la OTAN...: son todas razones que sin duda han tenido un gran peso a la hora de guiar la mano implacable que rige el Kremlin desde hace décadas. Pero hay un factor al que prácticamente no se le ha prestado atención en toda esta discusión: el energético.

Y no es que no se haya hablado hasta la saciedad, aunque superficialmente, de la enorme dependencia energética que tiene Europa de Rusia, del impacto que tendría la disminución del flujo de gas hacia el Viejo

Continente, o del nuevo gasoducto Nord Stream 2 que conectaría Rusia con Alemania directamente a través del mar Báltico.[1] Pero todas esas discusiones nos explican las consecuencias, los efectos del conflicto bélico. No nos hablan de las causas energéticas de esta guerra. No las inmediatas, sino aquellas más profundas, más radicales y soterradas.

Rusia es uno de los pocos países que habla abiertamente del *peakoil* o cenit de producción del petróleo. De ese momento en el que la producción de petróleo llega a su máximo técnico, económico y físico y comienza inexorablemente a declinar, por más inversión, tecnología e innovaciones que se quieran emplear para evitarlo. En línea con otras declaraciones anteriores en el mismo sentido, en 2021 el ministro de Energía ruso reconoció que la extracción de petróleo ruso probablemente nunca remontará a los niveles previos de la pandemia, un gesto de honestidad que raramente encontraremos en ninguna instancia pública occidental. En el mismo sentido, es un hecho bien conocido que la producción de gas natural en Rusia lleva prácticamente estancada desde hace más de dos décadas, con un efímero repunte en los últimos años inducido por la entrada en línea de los últimos campos, en Siberia Oriental. Y ya no se puede ir más hacia el este.

Vivimos en el Siglo de los Límites, y en Rusia, más que en otros países, se es bien consciente de ello, e in-

---

1   El gasoducto Nord Stream 2 fue deliberadamente volado por los aires pocos meses después de la publicación de este texto.

cluso se reconoce públicamente. En los gabinetes del Kremlin se sabe que la bonanza actual que les da la abundancia de recursos minerales, con los energéticos a la cabeza, es pasajera. Y seguramente por eso mismo a Rusia le interesa situarse lo mejor posible de cara al futuro. Controlar el acceso al mar Negro, neutralizar futuras amenazas, modular la producción mundial de cereal... Todos ellos son objetivos acordes con una posible estrategia para hacer frente a los múltiples picos de extracción de materias primas que nos esperan.

Al otro lado del Atlántico también juegan sus cartas. Cuando ya se empieza a reconocer que la bonanza de gas obtenido por *fracking* tiene sus días contados, también a Estados Unidos le interesa aprovechar esta abundancia mientras dure. El único mercado terrestre que tiene Estados Unidos para el gas fósil es el de México, pero es insuficiente para su capacidad productiva actual, así que, para poder transportarlo en barcos, en los últimos años ha incrementado exponencialmente su capacidad de licuefacción de gas, y, con más de 50.000 millones de metros cúbicos al año, es el primer productor de gas licuado del mundo (GNL). Pero, claro, el gas licuado es mucho más caro, y solo Europa se lo puede comprar. Ese es el motivo real por el cual hace años Estados Unidos se oponía a la finalización del Nord Stream 2 y ha puesto todo tipo de trabas al pacto entre rusos y alemanes. Si estos siguieran perfectamente abastecidos de gas ruso más barato, no habría apenas mercado para el GNL americano.

Pero, ¿cómo podía justificar el gigante americano su osadía de interferir en los asuntos comerciales entre otros dos países? Hasta ahora, la excusa había sido evitar que Alemania (y a través de ella Europa) tuviera un exceso de dependencia energética de Rusia, aunque era difícil de argumentar, puesto que Europa también importa de allí grandes cantidades de carbón, petróleo y hasta uranio enriquecido. De pronto, la guerra se lo puso todo mucho más fácil a Estados Unidos. Alemania, a regañadientes, ha tenido que aceptar que el Nord Stream 2 ya no se abrirá, y anuncia grandes inversiones en plantas de regasificación para recibir el gas del amigo americano… en los escasos años que le queden antes de empezar a declinar inexorablemente.

Hay, posiblemente, otra motivación más perversa para que a Estados Unidos le interesara una guerra en Ucrania. En la Era del Descenso Energético no va a haber energía para todos. No como antes. Y, dada la fuerte interdependencia económica entre Europa y Rusia, si se le imponen sanciones a Rusia, Europa sufre también sus consecuencias, mucho más que los norteamericanos.

Ahora mismo, sin el gas ruso, Europa colapsaría en cuestión de una semana, y la promesa de reducir en dos tercios las importaciones de gas desde el gigante euroasiático solo se podría conseguir —a falta de proveedores capaces de suplir la enorme cantidad que nos envían los rusos— si el continente sufre un verdadero descalabro económico, una contracción como nunca antes se ha visto. Un colapso de su metabolismo social que por fuerza sería desordenado y caótico. Por eso las sanciones europeas son tímidas. De manera parecida, Europa no puede cortar de repente sus lazos con el carbón ruso, ni con su uranio enriquecido, y a duras penas podría encontrar reemplazo para su petróleo. Rusia se hundiría económicamente con todas esas sanciones, es cierto, pero Europa estaría igualmente hundida. Situación que alguien en Estados Unidos quizá ha calculado que podría ser mejor que otra en la que Rusia y la Unión Europea se entendieran, forjando una alianza muy peligrosa para los estadounidenses, que se quedarían muy aislados.

Lo que quizá esos cálculos no habían previsto eran las derivadas: conscientes de que el péndulo de la historia parece encaminarse hacia el Este, Arabia Saudita está considerando vender su petróleo a los chinos. También la India. El uso del dólar como divisa de reserva internacional está en peligro, y con ello una aceleración del más que patente —sobre todo desde la retirada en Afganistán— declive del imperio americano. Estados Unidos depende poco de los productos energéticos rusos —por eso se permitió prohibir las importaciones desde Rusia—, pero resulta que sí depende del hierro, níquel o del uranio enriquecido ruso. Y en Rusia, que no son idiotas, han reaccionado también con prohibiciones. Seguramente esto tampoco estaba previsto.

Un mundo verdaderamente multipolar está naciendo, al tiempo que todo esto suena al principio de la desglobalización, lo cual era a medio plazo inevitable. Pero suena también a comienzo de una fase de «sálvese quien pueda» —o «quien tenga»—, que puede constituir un desastre si enquista odios y venganzas que dificulten la colaboración necesaria para pilotar retos tan urgentes como el climático, que son compartidos.

La Era del Descenso Energético no iba a ser un camino de rosas, eso lo sabíamos. Que de repente las fuentes de energía no renovables (petróleo, carbón, gas natural y uranio) que nos proporcionan casi el 90% de la energía primaria que se consume en el mundo empiecen a disminuir no presagiaba nada bueno. Hablábamos de recesión, de paro, incluso de revueltas. Pero cada vez queda más claro que también se tratará de más guerras. Guerras para intentar hacerse con los vitales recursos y guerras para contribuir, sí, a que otro se vaya al garete.

Entre las más letales y efectivas espoletas de esas guerras se encuentra la escasez de alimentos. Ya advertimos —antes del conflicto— de cómo la fosilización («hacer depender de los combustibles fósiles») e industrialización de la agricultura nos habían llevado a la antesala de una grave crisis alimentaria mundial, exacerbada por el conflicto, las sanciones y el control ruso sobre el granero de Europa: Ucrania.

La escasez de cereal anticipa graves problemas en Egipto, Marruecos, Túnez, Argelia... Países cruciales para Europa, que ya conocieron en 2011 unas «primaveras árabes» espoleadas por la carestía de los alimentos. Añádase a esto la dificultad del acceso al agua potable y entenderán las razones del conflicto entre Egipto y Etiopía por la Presa del Renacimiento, que los egipcios han amenazado varias veces con bombardear. Visualicen la sequía que está afectando a amplias zonas de Sudamérica, Norteamérica, Europa y África por el caos climático. Y añadan a eso una Unión Europea completamente adicta a los recursos minerales que antes le proporcionaba Rusia a bajo precio y que ahora tendrá que buscar en otros lugares. Viertan unas gotas de populismo y creciente manipulación mediática auspiciada por los poderes económicos. Exacerben los miedos al desabastecimiento ya entrenados durante el confinamiento, y agítenlo fuertemente durante el tiempo en que la clase media occidental vea crecer su miedo a dejar de existir al tiempo que lo hace la precariedad. Observen cómo todo ello hace subir la espuma del militarismo, y sírvase el brebaje bien caliente. *Et voilà*: gracias a esta fórmula conseguiremos que los países europeos se embarquen en guerras, buscando asegurarse recursos vitales para mantener un estilo de vida ya imposible. Y, encima, que se trate de vender que tal despliegue militar es en defensa propia (eso creerá el televidente europeo medio).

La guerra de Ucrania no es la última: es la primera de la Era del Descenso Energético, la que marca el punto de ruptura. Un descenso que, como no hagamos algo rápido y coordinado, será a codazos, pisándose unos países a otros por la falta de honestidad de unos gobiernos que se resisten a reconocer que hemos chocado contra los límites biofísicos del planeta. En este descenso energético caótico y desordenado, siempre habrá una guerra en alguna Ucrania, ya sea en Europa, Sudamérica, Asia o África. En 2022, aparte de la de Ucrania, había diecisiete guerras activas más, si bien solo la primera ocupó las portadas del primer mundo, que a veces parece la antesala del último.

Pero otro descenso energético es posible. Siempre fue posible y aún lo es. Un descenso en el cual se asuman los límites del planeta y la extralimitación insostenible del ser humano «civilizado». Un descenso en el que reconozcamos que quien tenemos enfrente no es un enemigo al que saquear, sino un hermano al que más nos valdría abrazar con fuerza. Rompamos esta rueda perversa y cooperemos antes de que sea tarde para todos. No a las guerras. Malditas sean las guerras y los canallas que las promueven.

Antonio Turiel y Juan Bordera
CTXT, 18 de marzo de 2022

El tiempo de la desobediencia civil ha llegado

En su carta «El último discurso que doy antes de convertirme en un criminal», uno de los mejores escritores daneses vivos, Carsten Jensen, nos ha regalado un texto lleno de fuerza. Una enumeración que irá ganando aún más potencia y resonancia con los años, a medida que el eco de nuestros presumibles silencios retumbe irremediablemente en nuestros oídos. He aquí algunas perlas del discurso:

«Si crees que puedes vivir como siempre has vivido, te equivocas».

«Si crees que tus hijos tendrán una vida como la tuya, te equivocas».

«Si crees que la desaparición de los insectos no convertirá los imperios en escombros, te equivocas».

«Si crees que los humanos no pueden vivir como ratas, te equivocas».

«Si crees que la paciencia del planeta es infinita porque ha soportado la presencia de tu especie durante unos cientos de miles de años, te equivocas».

Estas son solo algunas de las líneas del texto que hizo público justo antes de ser detenido en una acción de protesta, en la que participó junto con Extinction

Rebellion Dinamarca: *Vendepunktet*, que se podría traducir como 'el punto de inflexión'.

Cualquiera que tenga información sobre la gravedad de las dos grandes crisis que enfrentamos, la climática y la energética —la crisis económica, que tanto nos preocupa, depende de ellas, y no al revés—, sabe que estamos rondando peligrosamente y desde hace tiempo ese punto de no retorno, de irreversibilidad, que nadie puede determinar dónde está exactamente pero que se intuye muy cercano. Por eso el tiempo de la desobediencia civil ha llegado. Como decía Víctor Hugo: «No hay nada más poderoso que una idea a la que le ha llegado su tiempo».

Y el bueno de Carsten y los valientes daneses no están solos, ni mucho menos. Un fantasma recorre Europa, una vez más. Una ola de desobediencia climática se está extendiendo por muchos países. En Reino Unido destacan dos colectivos que se suman a Extinction Rebellion: Just Stop Oil, que, además de bloquear infraestructura fósil, está dejando imágenes para la posteridad —una de sus acciones más comentadas consiste en atarse a postes de campos de fútbol, y así paralizar los partidos para abrir un debate social sobre la cuestión—; e Insulate Britain, un movimiento que ya cuenta con varios integrantes en prisión por defender, mediante la desobediencia civil no violenta, la necesidad de aislar térmicamente y con urgencia las casas en las frías islas británicas para reducir la dependencia de unos combustibles fósiles que nos van a abandonar igualmente. Esto lo empezaron a defender mucho antes de la invasión de Ucrania.

En Alemania, Last Generation es otro de estos movimientos emergentes que van a dar que hablar. Otro flanco radical. También especializado en bloquear vías y autovías pegándose o encadenándose, como Insulate Britain, aunque han probado otras tácticas como las huelgas de hambre para alimentar un debate inevitable en el que nos jugamos la estabilidad de las cosechas y, por tanto, al fin y al cabo, del orden. Entre el orden y el caos hay siete comidas de diferencia, dicen, y ya se están sucediendo las advertencias de una gran crisis alimentaria.

En Francia, un grupo de recién graduados de una de las escuelas más prestigiosas de Agronomía, AgroParisTech, lanzaron un discurso que se hizo tremendamente viral, llamando a desertar de los trabajos del sistema que nos está condenando: «No creemos en el desarrollo sostenible, ni en el crecimiento verde».

El director de la escuela respondió con el argumento clásico: no seáis catastrofistas. A lo que habría que decirle que no son catastrofistas, «director Mr. Wonderful»: la realidad es catastrófica. Y lo es por un proceso sistemático de negacionismo y *negocionismo* alimentado desde posiciones de privilegio como la que disfruta usted, señor director.

¿Y en España? Pues aquí no nos hemos quedado quietos, y ha destacado la rebelión de una parte de la comunidad científica. El 6 de abril de 2022, un movimiento internacional que coordinaba a más de veinticinco países en los cinco continentes protestó contra la publicación del informe diluido por los *lobbies* del IPCC. La acción más potente de todas fue, sin duda, la realizada por los científicos y activistas españoles, entre los que nos encontramos los que aquí escribimos. En la acción embadurnamos la fachada del Congreso con una suerte de jarabe color sangre remolacha para denunciar que la inacción climática está bañada de sangre de verdad. Este jarabe no dañó la fachada, ya que se diluía con agua y se limpió en menos de quince minutos. Pero las imágenes pasarán a la historia. Y cuando tengamos olas de calor de cincuenta grados —espóiler: no queda mucho— quizá se recuerde aquella acción y —ojalá no— nos lamentaremos por no haber hecho más.

Porque esto debería extenderse con rapidez a otros colectivos. ¿Acaso los profesores no deberían desobedecer sus programas educativos y enseñar que el futuro pende de un hilo? ¿Acaso tienen los bomberos un incendio más urgente que apagar?

Cuando pase el tiempo, la mirada a los desobedientes será de absoluta comprensión, como pensando: «¿Cómo no nos unimos a ellos y ellas? ¿Cómo no arriesgamos más? ¿Cómo no vimos que nuestros privilegios eran espejismos temporales?». Estamos ante una bifurcación definitiva y definitoria. No querremos mirar hacia atrás cuando todo esté ya perdido y pensar: «¿Y si nos hubiésemos atrevido a intentar algo que históricamente ha funcionado?».

Las luchas de las sufragistas femeninas, las luchas por los derechos de los afroamericanos o contra el *apartheid* están ahí para aprender de ellas. Para aprender que en todas estas ocasiones se ha desafiado a la ley, e incluso han sido necesarias detenciones y condenas para que la población reaccionara apoyando masivamente estas luchas, y lograra así cambiar el lento rumbo de la historia.

Como dice Vandana Shiva, en ciertas ocasiones no se trata de desobedecer una ley, se trata de obedecer una ley superior.

Es hora de ejercer la valentía de quien tiene mucho que perder. Sabemos lo que hay que hacer. Hay muchas y buenas soluciones basadas en la naturaleza y en la comunidad que permitirían una transición rápida hacia una civilización en equilibrio con su entorno, baja en emisiones y rica en emociones. Para ello es fundamental una democracia participativa que apriete a los poderosos y redistribuya las cargas y la riqueza. Pero para conseguirlo necesitamos presión y organización.

Esperamos que, si lo hacen durante una ola de calor como las que estamos sufriendo, estén leyendo este texto a la sombra. Y que recuerden la que asoló la India, o la que generó anomalías térmicas inexplicables, de 30º por encima del promedio esperable en el Ártico, y de 40º en el Antártico. Y que la rabia que puedan sentir al pensar que apenas se está haciendo nada, salvo manipular a la opinión pública desde los grandes poderes económicos, escondiéndoles la verdad sobre la tragedia, les empuje a actuar. Porque ya casi no hay tiempo.

El texto de Carsten Jansen finaliza así:

«Si crees que es ilegal bloquear un puente y detener brevemente el tráfico que lo asfixia para llamar la atención sobre la crisis planetaria, te equivocas.

»Estamos aquí porque amamos toda la vida en la Tierra, y por eso nos quedaremos aquí una y otra vez. »Y si crees que puedes detenernos, te equivocas».

Juan Bordera, Agnès Delage
y Fernando Valladares
CTXT, 21 de mayo de 2022

El Pacífico y Tucídides en la 'Era del Descenso Energético'

Aunque la invasión rusa de Ucrania parece situar el centro del teatro de operaciones en el Este de Europa, algo está ocurriendo un poco más alejado del foco, como entre bambalinas. Algo muy importante. El viraje del centro de poder del mundo desde el océano Atlántico hacia el Pacífico. Una mudanza que coincidirá con un progresivo aumento de las posibilidades de conflicto bélico —incluso nuclear— a gran escala, en una era marcada por el descenso energético. Todo normal y bien.

La Administración Biden difundió en 2022 el documento *Estrategia Indo-Pacífico*, en el cual se declara: «Ninguna región será más importante para el mundo y para los estadounidenses que el Indo-Pacífico». Recientemente, China ha cerrado un acuerdo de defensa y seguridad con las Islas Salomón, un acuerdo insignificante, pero que ha puesto nerviosos tanto a estadounidenses como a australianos.

Estos sucesos, que dibujan una tendencia peligrosa, ya han sido analizados por Rafael Poch o Xulio Ríos, quien recientemente alertó del creciente riesgo de conflicto en Taiwán. También los ha tratado Olga

Rodríguez, que señala que «la inercia hacia un marco de guerra, como si fuerzas irreversibles de la historia nos llevaran a ella, es evitable». No podemos estar más de acuerdo con esa frase, y para ello, qué mejor que identificar qué fuerzas son esas, para tratar de entenderlas y así poder desactivar su aparente irreversibilidad.

La trampa de Tucídides 2.0

«La trampa de Tucídides» es un concepto creado en 2015 por el politólogo estadounidense Graham Allison. Hace referencia al conflicto entre Atenas y Esparta —narrado por Tucídides en su *Historia de las guerras del Peloponeso*— como una manera de explicar el dilema que existe entre una potencia hegemónica, pero en decadencia (Esparta / Estados Unidos), y otra en ascenso (Atenas / China). El temor a que la potencia emergente acabe siendo la dominante llevó supuestamente a Esparta a iniciar una guerra contra Atenas, que ganó, evitando así el ascenso de su rival, aunque pagando un alto precio en forma de desgaste.

¿Es Rusia el verdadero rival de Estados Unidos? No, por supuesto que no. Es China. La guerra en Ucrania, Tucídides no lo quiera —y tampoco los halcones estadounidenses, sobre todo—, podría ser la antesala de un conflicto mayor para evitar el ascenso final de una potencia emergente que ya domina los sectores industrial y económico. Resta el militar, aún muy claramente del lado de la organización atlántica. Que vivamos una época nuclear no disminuye el riesgo de que la OTAN considere la opción de una guerra.

Otro factor —probablemente el más importante— que hay que tener en cuenta en esta historia es el energético. Estados Unidos es un gran consumidor de energía. China, también. De hecho, superó a Estados Unidos hace aproximadamente una década como primer consumidor de energía del mundo. Y en ambos países el consumo de energía crece sin cesar. Normal: numerosos estudios, como los del economista y profesor de la Sorbona Gaël Giraud, han mostrado que la pretendida desmaterialización de la energía es solo un mito; que, si se quiere seguir creciendo económicamente, el consumo de materiales y de energía tiene que crecer, aquí o en el lugar al que hayamos deslocalizado la fábrica que nos suministra los productos.

Pero resulta que la disponibilidad de energía en este planeta es finita y que las fuentes de energía no renovables (petróleo, carbón, gas natural y uranio), que nos proporcionan casi el 90% de nuestro consumo de energía primaria, han tocado techo. Faltando minas y yacimientos tan ricos como los que agotamos en las décadas precedentes, la cantidad de energía que nos proporcionan los combustibles fósiles y el uranio ya no crecerá más. Peor que eso, caerá con fuerza durante esta década, lo que ya se ha empezado a notar, y de qué manera: cortes de luz en China por falta de carbón, falta de diésel y de queroseno para aviones en la costa Este de Estados Unidos, estadísticas de combustible a mínimos por todas partes, aumento de precios generalizado, la *verde* Unión Europea aumentando la proporción de carbón en el mix…

Los grandes bloques están tomando posiciones para mantener su hegemonía en un mundo con menos recursos y en el que las reglas del juego serán otras. Rusia, por razones históricas, miraba hacia Europa y por ello ve con recelo la expansión de la OTAN a los países del Este europeo. Europa, por su lado, mira sobre todo hacia África, como demuestran las operaciones militares auspiciadas por Francia en el Magreb o los planes de producir hidrógeno verde para Alemania patrocinados por el gobierno teutón en Marruecos, Namibia o Congo. China también tiene intereses en África, pero mira todavía más hacia el Sudeste Asiático, pretendiendo extender su área de influencia y ganarle la carrera a su gran rival regional, la India, que aún está demasiado ensimismada en su grandeza y su enorme diversidad cultural y étnica. ¿Y Estados Unidos? ¿Hacia dónde mira Estados Unidos para afrontar la Era del Descenso Energético?

De manera natural, Estados Unidos debería mirar hacia Sudamérica, pero se resiste a abandonar su papel de imperio planetario. Con más de ochocientas bases repartidas en más de setenta países, los «amigos americanos» tienen todavía intereses repartidos por todo el planeta. Y si bien el expansionismo africano de los europeos no les quita el sueño, sí que les preocupan, y mucho, las veleidades rusas en Europa, y aún más las ambiciones chinas en el Sudeste Asiático. Por eso Estados Unidos ha empezado a volver su atención hacia el Pacífico, con la cada vez más declarada intención de que este océano deje de hacer honor a su nombre.

Una parte importante de la estrategia norteamericana se centra en la protección de Taiwán, lugar crítico por ser uno de los dos países (el otro es Corea del Sur) que alberga las más avanzadas fábricas de microchips de última generación. China no ha ocultado nunca su interés por recuperar el control de la que considera una isla rebelde, parte de su territorio nacional. De ahí el juego de maniobras militares estadounidenses, replicadas con maniobras militares chinas. Salpicadas con las declaraciones de Biden en su visita a Japón —como buscando complicidades en un lugar nada casual—, que añadieron un poco más de picante al asunto: «Defenderemos Taiwán si China lo ataca».

Debido a la escalada de tensión, otra parte importante de la estrategia americana son las alianzas en la zona: AUKUS (en inglés Australia-United Kingdom-United States), la reciente entente con Reino Unido y Australia, que también ve con recelo el avance imparable de la influencia política china en su flanco noroccidental, y con la que coincide también en la QUAD, otra alianza militar —en este caso resucitada— que incluye a India y Japón.

Y sin embargo China ya está librando su guerra de conquista de manera relativamente incruenta: la primera víctima fue Sri Lanka, que recibió con los brazos abiertos las inversiones chinas en puertos y otras infraestructuras y ahora tiene a China como su principal acreedor y negociador en la definición de las condiciones de liquidación económica y política de la gran isla del Índico. Pero Sri Lanka no es el único país en manos chinas: la estrategia de la Nueva Ruta de la Seda de China, financiando nuevas infraestructuras en otros países con créditos aparentemente ventajosos pero en la práctica impagables, dado su alto monto, les está dando grandes réditos.

A pesar de que su estrategia de dominio es más comercial que militar, China es bien consciente de la Trampa de Tucídides y sabe perfectamente que Estados Unidos no se quedará impasible mientras continúa subiendo escalones hacia la hegemonía de su región, y por eso continúa con su rearme y mostrando su músculo militar cuando lo precisa. Y a pesar de que Estados Unidos apuesta más por la intimidación física, juega también algunas de sus cartas con sutileza, esperando estrangular el acceso de China a los preciados y cada vez más escasos recursos: de ahí los problemas con el carbón australiano que China embargó durante meses o las protestas de Japón por las prospecciones de Pekín en el Mar de la China.

Todo este vertiginoso choque de trenes a cámara lenta es la consecuencia lógica de una actitud ilógica: la de intentar mantener el crecimiento infinito en un planeta finito. Una idea no solo equivocada, sino suicida. Una idea que nos puede llevar a muchas otras guerras. Nuevas ucranias que tendrán que sucumbir al horror de la más nociva y peligrosa de las ideas que ha conocido este planeta: la del crecimiento infinito.

¿Hay acaso algo más estúpido que una guerra? Pueden apostar que sí: una guerra cuando los recursos menguan rápidamente y cuando la única respuesta posible al reto ecológico que tenemos delante es compartida, cooperativa.

La única solución a la trampa de Tucídides

Si queremos solucionar este enredo hay que reconocer la hipocresía de Occidente. Por un lado, consideramos cualquier mínimo gesto —como el del acuerdo con las Islas Salomón— de una China poco expansionista —al menos militarmente— como una amenaza para nuestra seguridad. Por otro lado, la expansión de la OTAN ha sido espectacular en estos últimos treinta años. Y luego nos extraña que un país que ha sido invadido dos veces en los últimos doscientos años por ejércitos europeos (Napoleón y Hitler) tema que pueda haber una tercera invasión, y que, a la tercera, ya se sabe. Hasta el papa Francisco comprende esto perfectamente y no teme decir que la guerra de Ucrania quizá ha sido provocada por los «ladridos de la OTAN a las puertas de Rusia».

¿Quiere esto decir que la OTAN es la mala de la película y Putin una novicia inocente? En absoluto. Putin es un sátrapa autoritario, liberticida, y la invasión no se puede justificar de ninguna manera. La solución a la Trampa de Tucídides es precisamente esa, salir de esquemas maniqueos de «buenos y malos», asumir la complejidad de las relaciones geopolíticas e internacionales, y empezar a reconocer que va a ser imposible hacer frente a los retos que tenemos como civilización si pensamos en seguir creciendo. Cuando el espacio o los recursos energéticos son finitos, más te vale dejar de crecer salvo que tu intención sea aplastar a los de al lado.

Toca cooperar para enfrentar el dilema del prisionero global que conforman la crisis climática y la energética, un enredo en el que estamos todos metidos y del que no se puede salir bien parado mediante guerras. La Trampa de Tucídides 2.0, es evidente, no tendrá vencedor alguno. En el Otoño de la Civilización todas son potencias crepusculares. Puede haber un bando que pierda menos, sí, pero el riesgo de destrucción mutua total no existía en los tiempos de las guerras del Peloponeso. La única opción pacífica es que la potencia dominante renuncie a dominar militarmente a la ascendente y la ascendente sea generosa con la que le deja espacio sin guerrear.

Necesitamos imaginar una política que no sea de bloques. No necesitamos recetas conocidas o suaves reformas. Necesitamos un cambio enorme en poco tiempo, pero que aún es posible. Hagámosle caso a Tolstói, que algo sabía de guerras y paces cuando escribió: «Pensamos que todo está perdido cuando se nos hace salir de nuestro sendero habitual, pero es ahí precisamente donde empiezan lo nuevo y lo bueno».

Juan Bordera y Antonio Turiel
CTXT, 27 de mayo de 2022

Obedecer o no obedecer, esa es la cuestión

A todos nos gusta pensar que, llegado el momento, sabríamos cómo actuar. Pero en el fondo casi todos claudicamos cada día. Todos y cada uno de los días de nuestra vida tenemos que acatar órdenes, aceptar inercias que sabemos que juegan en nuestra contra. Incluso voluntariamente actuamos callando más de la cuenta, o favoreciendo a las estructuras de poder que, por otro lado, sabemos que están poniendo en riesgo la vida en la Tierra.

La situación climática, ecológica, de biodiversidad y energética es de una gravedad extrema, y a no mucho tardar se sumará la alimentaria. Pero el diluvio de datos no es suficiente y estos parecen apilarse uno encima del otro sin causar apenas efecto. El castillo de naipes cada vez pesa más y más, y la complejidad lleva aparejada un problema: la fragilidad.

Las olas de calor llegan cada vez más pronto y son más fuertes. Los fenómenos extremos se multiplican y se agravan. Pero, aunque esto va a empeorar rápido, nada parece interrumpir el devenir, la inercia de la *megamáquina*, que prosigue su rumbo perverso e inconsciente. Una inercia que apesta a cobardía y a muerte.

Así las cosas, en abril de 2022 un colectivo de científicos y divulgadores de estas crisis que se están solapando —Rebelión Científica— vinimos a intentar parar esa inercia autodestructiva en más de veinticinco países, jugándonos todo: carrera, prestigio, privilegios, multas, golpes. Lo hicimos porque tirar del freno de emergencia es imprescindible.

No hacemos esto por gusto. No nos pasamos horas delante de la pantalla del ordenador o el móvil por placer. No tenemos discusiones —incluso con compañeros y compañeras que apreciamos— sobre cómo deberíamos proceder para acertar mejor en la diana de la activación de la sociedad porque nos apetezca, o porque no tengamos nada mejor que hacer. Lo hacemos porque comprendemos que no tenemos otra opción mejor. Las sufragistas ganaron su batalla tras miles de mujeres encarceladas, algunas de ellas víctimas incluso del propio proceso. Qué decir de los afroamericanos y la lucha por sus derechos en Estados Unidos. Abundan los precedentes. Conocemos la historia y sabemos que el tiempo de la desobediencia civil ha llegado. La lucha contra la emergencia climática y energética es tan grave que ese tiempo hace años que debería haber llegado.

Por eso se manchó el Congreso con agua del color de la remolacha. Hoy, por aquello, parece que somos peligrosos criminales para el Estado. A cuantos detuvo y denunció la Brigada Antiterrorista —requiriendo que nos presentáramos en comisaría en 24 horas o nos detendrían en cualquier momento— nos imputan dos cargos graves: delito de daños y delito contra las instituciones del Estado. Añadiendo que alteramos «de forma notoria» la sesión que se estaba realizando en el Congreso de los Diputados. Pero ambos cargos son falsos.

Los «daños» no tardaron ni quince minutos en ser reparados simplemente con agua, y hay pruebas gráficas de ello. Por lo demás, a quien el hecho de que un edificio haya sido coloreado y haya habido que limpiarlo le indigne más que lo que en un futuro inminente puede suponer la pérdida de la estabilidad climática, que se lo haga mirar en un diván.

Respecto al otro cargo —potencialmente más grave—, el de alterar la sesión parlamentaria, la cosa es aún más increíble. Numerosos diputados y diputadas han reconocido que allí no ocurrió tal cosa. Que se enteraron por los medios y entonces salieron a ver qué pasaba, algunos porque querían solidarizarse. Muchos nos han mostrado ya su apoyo incondicional.

Todos los años muere muchísima gente por causas relacionadas directamente con el caos climático. 250.000 personas por año. Aunque ese número es en realidad un espejismo: se queda corto si se contabilizan las muertes indirectas causadas por el cambio climático (podrían llegar a varios millones de muertos al año), y no va sino a incrementarse. Este no es el único gran problema: las crisis energética y alimentaria están cada vez más cerca de resultar tan desastrosa como el problema climático. En el fondo —o no tan en el fondo para los que tenemos los datos—, lo sabemos. Intuimos que esto se está hundiendo. Pero no logramos hacer casi nada porque estamos atrapados como un hámster en una rueda. Los días van pasando y no encontramos un punto de apoyo desde el cual mover el mundo. Por eso, en Rebelión Científica, usamos como lema esta frase atribuida a Albert Einstein: «Aquellos que tienen el privilegio de saber tienen la obligación de actuar». Solo nos falta gente que lo entienda.

La próxima vez que toque actuar —llegará pronto—, tenemos que ser miles. Para que a este Gobierno y a las Fuerzas y Cuerpos de Seguridad del Estado no se les pueda pasar por la cabeza tratar de amedrentarnos como lo están haciendo ahora. Necesitamos olas de desobediencia civil no violenta por todo el planeta para frenar las olas de calor que amenazan nada más y nada menos que a la vida en general. Si alguien conoce un método mejor y más efectivo, ya está tardando en ponerlo en práctica. Le ayudaremos.

Juan Bordera y Fernando Valladares
CTXT, 17 de junio de 2022

De chuletones imbatibles
y matanzas bien resueltas

En su día, Pedro Sánchez calificó el chuletón al punto como «imbatible». Poco después, describió la matanza de Melilla como «bien resuelta». ¿Existe una relación entre esas dos expresiones *a-cuñadas* por nuestro presidente? A nuestro modo de ver, sí. Ambas son la manifestación sangrante de un privilegio; la muestra del cinismo que subyace a la gestión de un Sánchez enfrentado a todo lo que su programa político pudo tener alguna vez de «izquierdas».

El chuletón del cual hablamos aquí es una metáfora, una forma de representación (salvo para la vaca en cuestión, que no es poco). Se trata de un símbolo que nos habla de los privilegios en los que sostenemos nuestros modos de vida. Las matanzas a las que nos referimos, sin embargo, son reales. Cada vez más peligrosamente cotidianas. Algunas de ellas incluso bien documentadas gráficamente. A pesar de lo cual, nuestros representantes no quieren reconocerlas, en un ejercicio de hipocresía que tiene efectos perversos en la normalización del discurso de la extrema derecha. Y que, sobre todo, sienta un precedente muy peligroso para los tiempos de múltiples emergencias entrelazadas en los que estamos entrando a toda velocidad.

Algunos de esos chuletones imbatibles se alimentan con la soja monocultivada que deforesta Argentina y Brasil. El traje y la camisa con el que nos comemos ese chuletón es cosida al punto de sangre en países como Bangladesh, Vietnam o Camboya. El móvil con el que hacemos al chuletón una foto para subirla a Instagram es cocinado al punto de fuego de la minería corporativa de Senator en la República Democrática del Congo. Y es que un privilegio al punto es imbatible, y nuestros modos de vida en el Norte son en sí mismos una rutinaria matanza «bien resuelta» para el resto de la humanidad.

En un planeta de recursos finitos, hay una contradicción irresoluble entre nuestros modos de vida, basados en el crecimiento perpetuo de la sociedad de consumo, y un modelo social que se quiera llamar a sí mismo progresista. El primero —ya lo avisó Pasolini hace cincuenta años— conduce irremediablemente hacia el fascismo. No nos debería preocupar tanto el crecimiento del fascismo como el fascismo del propio crecimiento.

Las matanzas —como las miles de personas que, ante las políticas de Frontex, se hunden en el Mediterráneo, esa cámara de gas en corrosivo estado líquido— dan cuenta de esta tragedia que llamamos realidad. Sin duda, por esta vía nos encaminamos hacia el fascismo más progresista de la historia.

Nuestra ministra de Guerra, Margarita Robles, expresó: «Hay que ser contundentes en inmigración, porque detrás hay mafias». ¿A qué mafias se referirá? ¿A las mafias de tráfico de personas? ¿O quizá a las mafias multinacionales que expolian recursos —y plusvalía— con un reparto del trabajo desigual? No lo podemos saber.

Por las fronteras entran la soja, la ropa, los móviles y otros aparatos de esta sociedad hipertecnológica, empaquetados y brillantes. Mercancías que, en definitiva, sostienen nuestro modo de vida. Pero esas mismas fronteras están cerradas a las personas que encuentran sus ríos contaminados y sus bosques deforestados, mientras la comida, la ropa o los móviles dejan su expansivo beneficio económico en el Norte. A pesar de la precariedad y la incertidumbre que se han instalado en nuestras sociedades, nuestra soberbia abundancia llega al Sur, goteando día a día, por medio de los mismos espectáculos de publicidad y propaganda con que nos convencemos de la superioridad de nuestros modos de vida, de nuestra libertad desenfadada, de nuestra democracia plena, desinhibida y sin fisuras.

Mientras tanto, en el Sur, tendrán que salir de sus comunidades, huir de la miseria que exportamos, e ir en busca de la abundancia que importamos a precio de saldo y que exhibimos con desparpajo. Saldrán huyendo de guerras desatadas por la gula de nuestros agronegocios o por la extracción de los minerales que precisamos para nuestra transición ecológica «cero emisiones». Y saldrán, no por casualidad, sino porque los expulsamos. Porque, en definitiva, nuestros modos de vida no son exportables ni universalizables. No son para el resto, sino a costa del resto. Son la provincialización de un privilegio cercado gracias a las concertinas y los cuerpos policiales y militares. Para separar el grano de la arena, y la mena de la ganga, nuestras fronteras han aprendido a discriminar lo que es riqueza y lo que es vida humana. Porque un privilegio al punto es imbatible, y la frontera Sur, una matanza bien resuelta.

Juan Bordera, Alejandro Pedregal
y Alberto Coronel
CTXT, 2 de julio de 2022

Racionamiento racional e irracional en la Era del Descenso Energético

Imagina que una noche dura se avecina. Tienes cuatro hijos, solo una barra de pan y dos opciones: racionar a partes equitativas o dejar que el más fuerte se coma el trozo que le dé la gana, aunque los otros se mueran de hambre. Lo humano, lo honesto, es lo primero, ¿verdad? No hace falta decir mucho más, cualquiera de nosotros haría lo mismo. Bueno, cualquiera no.

Unos pocos dirigentes políticos están demostrando que Einstein intuía correctamente que la estupidez humana era lo único que no conocía límites. Estos dirigentes están patinando sobre hielo muy fino. La principal razón es que el decrecimiento ya no se puede esconder ni detrás de una bandera, ni detrás de un espejismo luminoso. Las personas no comemos banderas y sabemos ver qué es un despilfarro. De ahí el esfuerzo de los grandes poderes económicos en invertir y controlar medios que adulteren la realidad.

Pero el espectáculo está empezando a ser difícil de esconder, y cada vez aparecen más y más artículos, periodísticos y académicos, mejores y peores, que comentan y demuestran una realidad incontestable: tanto el cambio climático como la escasez están haciendo desaparecer el tabú del decrecimiento. Hasta presidentes como el de Finlandia no han dudado en ponerlo en palabras cristalinas para quien quiera escuchar: en Finlandia y en otros países de la UE, la población tendrá que acostumbrarse a que la economía no crezca todos los años.

Por eso las medidas de ahorro energético propuestas hasta 2023 por el Gobierno, aunque algunas vayan en la buena dirección, en realidad se quedarán cortas ante lo que va a venir, y deberían ser tomadas como algo racional y permanente. Algo que debería ser acompañado por medidas más profundas de redistribución de la riqueza, o de otro modo habrá problemas.

En la Era del Descenso Energético que estamos empezando a transitar, estas medidas —que no son algo exclusivo de nuestro país— se van a ir normalizando y ampliando, y haríamos bien en asumirlo con rapidez.

No es un gran sacrificio limitar las horas en que tener encendidas las luces o moderar la temperatura de la climatización. Pero, claro, hay otra opción para los que dicen ser «amantes de la libertad» cueste lo que cueste. Una opción muy evidentemente perversa: dejar que la sabia mano invisible del mercado *asigne los recursos que escasean eficientemente*. ¿Hay menos energía disponible? Pues para quienes —cada vez menos— puedan pagarla. ¿Que porque unos derrochan combustibles fósiles u obtienen beneficios extraordinarios otros no pueden ni calentarse un plato de sopa? ¡Libertad! Desde que el mundo es mundo.

Es curioso cómo la palabra *racionamiento* significa cosas distintas según el suelo que pisas. En España es sinónimo de pobreza y, para muchos, de derrota. Que el racionamiento se alargase tanto —el pan se racionó hasta 1952 durante una posguerra que fue eterna para los que la sufrieron— mientras en el resto de los países occidentales no existía, aumentó la sensación de episodio a olvidar que nunca ha de repetirse. Ese fantasma va a ser agitado por los panfletos de extrema derecha: el temible e indeseable racionamiento (que vino de su propia mano) vuelve. Sin embargo, hay otros casos: los ingleses recuerdan el racionamiento como algo más positivo, ya que les ayudó a «vencer» a los nazis. Las experiencias no son solo lo que son, sino lo que significan.

Quizá por eso, con excesiva frecuencia, la mala política no apela a lo racional, sino a lo emocional. Los poderosos tratan así de usar lo emocional como una manera de camuflar lo irracional y poco justificable de muchas de sus decisiones. ¿Corrupción? ¿Muertes en residencias? ¿Cierre de hospitales y degradación de los servicios públicos básicos? Nada de eso importa: lo importante es que el Gobierno no os quite la libertad, gente de poca fe.

Pero «entre broma y broma, la verdad asoma»: quien pone en peligro tu libertad no es quien te quieren hacer creer. Ni es la Agenda 2030 ni el socialcomunismo. Es el mercado, amigo. En la defensa a toda costa de un neoliberalismo que cada vez será más disfuncional está inserta la inevitable destrucción de lo público. En tiempos de menor energía disponible, seguir las recetas neoliberales de siempre no va sino a exacerbar los problemas, por la propia naturaleza del sistema que los ha originado.

El ejemplo de racionamiento usado al principio de este artículo es una caricatura, una simplificación que nos ha ayudado a clarificar la diferencia —material, pero también moral— entre las diferentes opciones, pero en la Era del Descenso Energético no estamos en realidad delante de un dilema, sino de un trilema: tenemos que escoger una entre tres opciones.

La primera opción es la de las medidas coyunturales. En este caso se piensa que los problemas con la energía son pasajeros y se trata de racionar lo justo para afectar mínimamente a la economía. Se mantiene la economía de mercado y, salvo por los recortes, todo sigue igual. Esta opción tiene el inconveniente de que, si las cosas siguen yendo a peor, habrá que ir adoptando más y más paquetes de medidas del mismo estilo, cada uno rectificando el anterior, causando el escepticismo, la incomprensión y el hartazgo de la población. Este es el enfoque mayoritario en el mundo, y el que se defiende desde la Unión Europea y desde el Gobierno de España. Dentro de estas medidas también caben las *elitistas*, que buscan recortar más a quien menos tiene.

La segunda opción es la de adoptar medidas estructurales. En este caso se acepta que los problemas son permanentes. Se hace una previsión de cuánto se va a disponer y se toma una decisión sobre cómo se asigna (cuánto se da y a quién se le da). Obliga a tomar muchas medidas adicionales, disposiciones, supervisiones, regímenes sancionadores, etc. Estas medidas son extraordinariamente complejas de adoptar y costosas de implementar, y tienen el inconveniente de que, si el descenso energético prosigue, pronto se vuelven obsoletas. Este tipo de racionamiento es por ejemplo el que se está dando en países prácticamente colapsados, como el Líbano o Sri Lanka.

La tercera opción sería la de adoptar medidas decrecentistas. Implicaría aceptar que los problemas no son sólo permanentes, sino que irán progresivamente a peor. Se necesita por tanto un esquema de racionamiento flexible, que se adapte a la disponibilidad (o indisponibilidad) de los recursos según esta va cambiando. Esta opción obliga además a abrir un debate en profundidad con la sociedad, clave para hacer comprender qué está pasando, para que se puedan tejer complicidades y cooperaciones sobre un objetivo común compartido por la mayoría, elegir sectores esenciales y sostenerlos con fuerza, incluso incrementarlos, pero también exige asumir que habrá otros que tendrán que reducirse. Es prioritario repartir tanto la carga fiscal como garantizar unos mínimos de calidad de vida. Aunque haya que racionar, el buen vivir es posible y más deseable que nunca.

El problema con las medidas decrecentistas es la tentación, por parte de ciertos sectores, de implementarlas de manera autoritaria, sin necesidad de buscar un consenso social democrático, ya que obviamente sería más sencillo imponerlas por la fuerza; y eso más que a un esquema de racionamiento decrecentista a lo que nos llevaría es al *ecofascismo*. Ningún país del mundo está adoptando este tipo de racionamiento, aunque algunos países podrían estar deslizándose hacia un ecofascismo que —en formas de baja intensidad— ya está latente.

Quede claro que ninguna opción de racionamiento es buena. Estamos hablando de racionar, y racionar quiere decir limitar. No hay suficiente y se tiene que elegir cómo se reparte. No es una situación que nadie pueda desear. Pero es una situación que no va a ser negociable y que tenemos que enfrentar como adultos, ayudándonos de la inteligencia colectiva.

También es importante dejar claro que hay muchas maneras aceptables de adaptarse al Descenso Energético, pero todas requieren de cierto tiempo. Por ejemplo, uno de los grandes problemas actuales es la falta de fertilizantes nitrogenados debido a la carestía y escasez de gas natural. Y si bien es sabido que el abuso de los fertilizantes nitrogenados lleva a la degradación de los suelos y las aguas, y que tenemos que emprender el camino a otras formas de agricultura realmente sostenibles y resilientes —especialmente destacable a este respecto es el trabajo de la investigadora del CSIC Marta Rivera y de Eduardo Aguilera, *La urgencia de una transición agroecológica en España* (Amigos de la Tierra, 2022), accesible en la red—, también es verdad que no podemos transformar nuestro sistema agrícola de la noche a la mañana mientras seguimos alimentando a la población.

No podemos suprimir los enormes insumos energéticos de la alimentación y de tantas otras cosas de golpe, porque, al igual que una persona adicta a una droga, la falta repentina de la sustancia que generó la dependencia podría causar más mal que bien. Necesitamos un plan de descenso adecuado, un plan de transición lento y pausado, con mucho trabajo a pie de campo, mucho ensayo y error, hasta poder conseguir que las cosas funcionen sobre el terreno, en todos los ámbitos, desde el sector primario hasta el industrial y el de los servicios.

Pero sea como sea, tenemos que irnos desenganchando de la droga de los combustibles fósiles antes que ella nos abandone por la Geología y la Física. Y las renovables serán nuestra metadona. Esencial para pasar el mono, pero ni por asomo podrá ser igual que la droga original.

Mientras estemos ofuscados por esquemas coyunturales, discutiendo qué sector es más importante por la cantidad de PIB o de empleo que genera, dando por hecho que vamos a poder mantenernos en los paraísos artificiales que crearon los combustibles fósiles, peor lo pasaremos cuando, de repente, se nos corte el suministro de estas sustancias de las que somos tan dependientes. Este es el debate que como sociedad tenemos que abrir. Tenemos que racionar, no queda más remedio. Y dado que el racionamiento no va a ser optativo, hay que intentar que sea lo más racional y justo posible.

No se trata de escoger entre un mundo oscuro y deprimente o uno iluminado a miles de vatios de potencia: se trata de escoger entre un mundo donde la mayoría de la gente pueda vivir con dignidad, o uno en el que unos pocos disfrutan y la mayoría está sumida en la miseria más abyecta. Y —espóiler— esos pocos no van a disfrutar mucho de una ciudad insegura (o un país, o un mundo). Si la mayoría lo pasa mal, nadie lo pasa del todo bien, eso es lo que hay que entender de una vez.

Tenemos que decidir qué priorizamos, si los derroches de energía o el combustible para tractores y cosechadoras, si los casinos o los hospitales, si Amazon o la tienda del barrio, si el metro y los servicios básicos esenciales o los espejismos brillantes que no pueden durar. No va a haber para todo, y por eso, democráticamente, racionalmente, tenemos que tratar de escoger lo mejor para crear una nueva sociedad que, a partir de los despojos y los errores de la actual, logre renacer con fuerza. Nada está perdido, como algunos quieren hacer creer que decimos.

Antonio Turiel y Juan Bordera
CTXT, 11 de agosto de 2022

El fin de la abundancia

Un día lo tienes todo y, de repente, todo cambia. En Europa, la sensación es de cambio de época. Lo que ayer parecía ridículo hoy es evidente. Lo que ayer era imposible hoy es lo natural. Se empieza a hablar de racionamiento, disfrazado de «medidas de ahorro». Se nacionalizan empresas estratégicas (en muchos casos para socializar pérdidas). Se comienza a decir en las más altas instancias que el siguiente invierno será muy duro. Y, de repente, en pleno Consejo de Ministros, el presidente francés, Emmanuel Macron, le pone palabras a este momento axial y, con gesto compungido, declara «el fin de la abundancia».

El fin de la abundancia. Nada menos. El trasfondo de semejantes declaraciones es gigantesco y los porqués de las mismas vamos a padecerlos, pero... ¿Qué pensarán de las palabras de Macron millones de trabajadores que viven con lo justo? ¿Dónde estaba esa abundancia que ahora nos dicen que ha acabado?

Para la mayor parte de la clase trabajadora de los países occidentales la renta real ha ido disminuyendo sin cesar desde los años ochenta del siglo pasado. La historia de la clase media europea en las últimas décadas de neoliberalismo y desregulación financiera ha sido una historia de progresivo empobrecimiento. Una historia en la que la mayor parte perdíamos poder adquisitivo para sostener el obsceno beneficio de unos pocos. Y ahora nos dicen que se acabó la abundancia.

Se acerca el otoño. Sí, el Otoño de la Civilización, del que tantas veces hemos hablado —anticipándonos a nuevas excusas que ahora se usan para tratar de tapar la luna con un dedo—. Ese momento en el que habrá que tomar decisiones difíciles para evitar un Invierno letal y perpetuo y poder llegar así a una nueva Primavera en la cual una sociedad realmente sostenible pueda florecer sin dañar las ya maltrechas bases de la Vida.

Antes de atravesar ese Otoño, antes de que la escasez de recursos y la crisis ambiental nos abrumen, tenemos que prepararnos, haciendo acopio de lo imprescindible, cambiando los modos de producir para priorizar el bienestar general por encima del beneficio particular y, sobre todo, repartiendo mejor, entendiendo que, o nos salvamos la gran mayoría, o pereceremos como civilización. Es algo estudiado en profundidad y conocido: una sociedad desigual se deshilacha y desangra entre las brechas que permite en su seno. La clave de una sociedad que se sostiene está en la fortaleza de la base, no en la aparente brillantez que se puede contemplar desde su cima.

Durante años, desde cientos de lugares, se ha explicado lo evidente: que el planeta es grande pero no infinito, que estábamos chocando contra sus límites biofísicos. Hemos acumulado evidencias científicas de que el clima se desbocaba —como ahora ya estamos padeciendo—, de que faltarían recursos incluso para mantener las cosechas, de que la inflación destruiría a la clase media. Nos cargábamos de razones para decir que hacía falta parar, que hacía falta repensar, que debíamos emprender un nuevo rumbo: que necesitábamos decrecer, sí. Pero durante todo este tiempo nuestros líderes políticos y económicos nos han ignorado. Han preferido seguir escuchando los cantos de sirena del poder económico antes que a los cientos de académicos, divulgadores, activistas o simplemente gente concienciada que hemos repetido una y otra vez la evidencia de que un mundo finito no podía albergar ambiciones infinitas. La posibilidad de un decrecimiento fue ridiculizada y ninguneada (a veces con mala leche, confundida torticera y deliberadamente con propuestas apocalípticas del fin del mundo). El clásico «difama, difama, que algo queda».

Pero dejemos el pasado y volvamos a la escena inicial: ¿qué nos está diciendo Macron con la cabeza gacha y rehuyendo la mirada? Lo que nos está diciendo es que el experimento neoliberal, que nos ha atenazado desde el «There is no alternative» de Thatcher y Reagan de principios de los años ochenta, ha fracasado. Estrepitosamente. Y ha fracasado porque no hay gas suficiente, no habrá diésel, fallarán las cosechas por la combinación de un cambio climático desbocado con la falta de fertilizantes, y encima, a la Francia muy nuclear y mucho nuclear, le falla su núcleo: treinta y una de las cincuenta y siete centrales nucleares francesas estuvieron paradas en 2022. El modelo del crecimiento infinito en un planeta finito no podía funcionar, y no ha funcionado. Pero la mirada de Macron dice más, mucho más. Está diciendo: «Y esto va a recaer sobre vuestras espaldas».

Ninguno de nuestros líderes quiere reconocer la verdad. Le echan la culpa de todo a «la guerra en Ucrania», cuando a finales del 2021 la crisis energética mundial ya era evidente, cuando ya comenzaba a haber problemas de suministros de todo tipo y aumentos de precios fuera de toda lógica.

Y respecto a la crisis climática, qué decir. Se ha ido gestando durante décadas y décadas. Nuestros líderes no quieren reconocer que su único plan de gobierno, el crecentismo —la inercia de «los negocios como siempre»—, está fracasando estrepitosamente y causando dolor y sufrimiento en todo el mundo.

Revueltas en decenas de países por el precio de la energía y de los alimentos; pero eso no sale en los telediarios. Nos dicen cínicamente que todos los problemas del mundo, incluso los que comenzaron en 2021, son debidos a la guerra de Ucrania. Tanto si Australia prohíbe la exportación de carbón para evitar apagones en Sidney como si la multitud asalta dos veces el parlamento de Irak. Tanto si queman panaderías en Irán como si los panaderos de Nigeria se declaran en huelga por falta de harina. Tanto si falta diésel en el norte de Argentina como si lo hace en el norte de Alemania, en Austria o en la costa este de Estados Unidos.

Lo que Macron —aunque hay que reconocerle el atrevimiento— no tuvo arrestos para reconocer aún, es que ese fin de la abundancia que preconiza será penoso porque realmente no quieren cambiar lo único que realmente sería importante cambiar: este sistema económico suicida, ecocida y liberticida. Pretenden pilotar esa nueva tanda de austeridad y miseria con las mismas recetas de siempre, e incluso quizá apropiándose/desactivando la palabra *decrecimiento*, como ya intentaron por ejemplo en el Foro de Davos.

Solo que ya nada funciona como antes: un día Europa aprueba que el gas y la energía nuclear son verdes; otro, que se pueda consumir más carbón al tiempo que dice fomentar unas renovables con una viabilidad cada vez más puesta en tela de juicio. En Alemania llegaron al absurdo de proponer generar electricidad quemando diésel, cuando faltaba diésel en la propia Alemania. En Japón pretenden abrir nuevas centrales nucleares cuando no han sido capaces aún de contener el desastre de Fukushima y cuando la extracción mundial de uranio cae inexorablemente, víctima de los límites geológicos del planeta, y ya está más de un 20% por debajo de los niveles de 2016, mientras Francia mantenía a la desesperada sus tropas destacadas en Níger con la esperanza de parar la sangría del descenso de las minas de ese país, que proveía el 40% del uranio consumido en el país galo.[2]

Es muy simple: los mismos que nos han metido en este embrollo no tienen ni la más remota idea de cómo salir de él. No la tienen porque se niegan a aceptar una simple verdad: hay que decrecer, sí, pero de verdad, repartiendo y haciendo justicia social.

---

2   En el momento de publicarse este libro ya no las mantiene.

Es el «fin de la Historia» de Fukuyama, pero no el que él pensaba. Y muy probablemente la única manera de que la Historia continúe de buena manera sea asumir que lo es. Ya lo decía Cortazar: «Nada está perdido si se tiene el valor de reconocer que todo está perdido y hay que comenzar de nuevo».

Señor Macron: es verdad, es el fin de la abundancia. De la abundancia de engaños, de excusas, de eufemismos y también de la hipocresía y avaricia sin límites de las grandes corporaciones. Esas son las abundancias a las que hay que poner fin de inmediato. Si eliminamos esas abundancias, las que usted no quiere tocar, entonces podremos tener abundancia de lo que es realmente importante para todos los seres humanos de este planeta.

Juan Bordera y Antonio Turiel
CTXT, 25 de agosto de 2022

La desobediencia civil ante la trampa de la sociedad del espectáculo

El verano de 2022 fue histórico: sequías en decenas de países, ola de calor tras ola de calor, países como Pakistán sufriendo inundaciones espantosas, estudios de acreditados científicos que avisan de la inminencia de los temibles puntos de no retorno climáticos… y, de repente, dos chicas jóvenes lanzan el contenido de una lata de sopa de tomate al cuadro *Los girasoles* de Van Gogh y se arma la de dios.

Poco después, un Monet, de la serie *Los almiares*, fue víctima del puré de patatas del colectivo Letzte Generation, y hasta la figura de cera de Carlos III de Inglaterra recibió un tartazo. Ya avisamos: el tiempo de la desobediencia civil ha llegado. Ahora toca analizar qué está pasando para tratar de que esta sea útil a la causa.

El colectivo Just Stop Oil, que pretende, mediante desobediencia civil no violenta, que no haya nuevas inversiones en combustibles fósiles en el Reino Unido, fue el responsable de dos de las acciones, *girasoles* y *tartazos*, y con ellas se desató un tsunami de opiniones y artículos sobre la legitimidad de este *modus operandi*. No recuerdo una acción de ningún movimiento social reciente que haya suscitado tanto debate como la del cuadro de

Van Gogh. Un debate que ya querríamos muchos que hubiera sido provocado por los sucesos que apuntan a un desastre en ciernes para buena parte de la humanidad. Pero parece que eso no importa tanto, o quizá es la concatenación de desastres —y la espectacularización de los mismos—, que nos tiene ya anestesiados.

Esa es una razón de peso para defender este tipo de acciones, que al menos permite abrir un paréntesis entre las habituales dosis de anestesia que ofrecen los grandes medios de comunicación. Unos medios que deberían estar informando mucho más y mejor sobre un problema tan crucial. Y seguro que lo harían, claro, si no tuvieran entre sus accionistas y financiadores a muchas de las compañías responsables de generar el problema y beneficiarse de él a corto plazo (a largo no ganará nadie).

Por el impacto mediático y el debate generado podría parecer que la acción fue un éxito incuestionable. Pero, como casi todo, quizá no sea tan simple: que precisamente unos medios de comunicación que sistemáticamente ignoran el problema, que se niegan a profundizar en el estado del mismo y sus causas, o directamente llaman a negacionistas para debatir e «informar» sobre caos climático presten tanta atención a una acción, debería hacernos reflexionar al respecto de su utilidad.

Muchas personas, incluso desde dentro de los propios colectivos, creen que la táctica no es la más apropiada porque hay quien se quedará con la imagen y no sabrá jamás que el cuadro no fue dañado, ni los porqués de tal acto, explicados maravillosamente por una de las responsables de la acción.

El vídeo de la acción sumó más de cincuenta millones de visitas y los hilos más difundidos al principio no eran precisamente favorables. Algunos incluso caían en acusaciones hacia muchas otras formas de activismo medioambiental, mezclándolas con intereses oscuros de la industria fósil. Es una ley no escrita que la cantidad de energía necesaria para desmentir un bulo siempre será mayor que la cantidad necesaria para propagarlo.

¿Se cortó una oreja el movimiento climático con lo del cuadro de Van Gogh? Esa es la pregunta que hay que responder. La respuesta —si es que existe— no es tan evidente.

Lo que sí es incuestionable es que, en ocasiones, desde los movimientos sociales caemos en exceso en la espectacularización: como los medios de comunicación son quienes nos dan altavoz, el impacto en los mismos determina el éxito de una acción. «Es lo único que podemos medir», defenderá una buena cantidad de activistas. Eso hace que, inevitablemente, cuando la práctica habitual deja de ser noticia se tenga que ir un paso más allá, lo cual a veces nos acaba separando de la sociedad que queremos transformar. Esta es la primera trampa de la sociedad del espectáculo: impacto no siempre equivale a éxito. Y la inercia juega a la contra, ya que tiende a fomentar la espectacularización y el aislamiento.

A medida que el poco tiempo que tenemos para reaccionar transcurre, esto lleva hacia posturas más radicales, incluso a escisiones en los grandes movimientos que tienen efectos positivos y negativos ampliamente estudiados. De hecho, un mismo autor, el doctor en sociología Rob Willer, tiene publicaciones que apuntan en ambas direcciones: hacia el efecto positivo que las acciones más radicales pueden producir al ensanchar la Ventana de Overton (los límites aceptables del discurso) y normalizar posiciones más estándar; y hacia el no tan positivo, ya que pueden generar divisiones internas y menos apoyo externo. De que el primer efecto sea mayor que el segundo depende el éxito a largo plazo de una acción.

Tanto los que creen que fue un error como los que defienden la acción sin fisuras argumentan razones que podrían considerarse acertadas, y quizá ahí se encuentre la *no-respuesta*: no es tanto el hecho en sí, la acción, sino la capacidad posterior de defenderla. Un acto como el de *Los girasoles* puede no ser un éxito instantáneo y comprenderse mejor a posteriori (o al revés) gracias a la labor de las personas que la ejecutaron, de los apoyos que hayan recabado, de cómo los medios traten la acción o de si la realidad acaba dándoles la razón a los perpetradores. Desgraciadamente, esto último el movimiento climático lo tiene asegurado.

La segunda trampa de la sociedad del espectáculo radica en la falsa sensación de libertad. Los mismos medios que amplificaron el contenido de esta protesta, mezclándolo en ocasiones con burdas teorías de la conspiración, no hicieron apenas caso a protestas que probablemente tendrían mucha más aceptación. Just Stop Oil lleva meses haciendo de las suyas, y otros movimientos, mucho más tiempo. No es casualidad que las huelgas, como la paralización de parte del transporte y las refinerías en Francia, o la de los trabajadores del metal en Cádiz se traten principalmente en los grandes medios para enfatizar los disturbios y emborronar la imagen que se hace la sociedad de estas protestas —señal del miedo que le tiene el poder a esta herramienta—, o que a procesos que suponen una innovación social tremenda y que tendrían que haber tenido un impacto inmediato en los medios, como la Asamblea Ciudadana por el Clima —defendida tanto por Extinction Rebellion como por Rebelión Científica—, no se les haya hecho ni puñetero caso. Algo que también dice mucho y muy bueno del potencial de esa herramienta de democratización.

Mientras escribía estas líneas, compañeros y compañeras del movimiento Rebelión Científica intentaron que en Alemania se tomaran medidas adecuadas para hacer frente al enorme problema que enfrentamos, pero no se les hizo tanto caso como al pobre e intacto cuadro de *Los girasoles*. A pesar de que haya autoras del propio IPCC, como Julia Steinberger, pasando a la desobediencia civil ante la falta de alternativas, mejor preocupémonos de unos girasoles que no han sufrido daño alguno. Igual cuando nos queramos dar cuenta de que son los girasoles de verdad —y todo lo demás— lo que está en peligro sea ya tarde.

En su visionario ensayo *La sociedad del espectáculo*, Guy Debord alertó ya en los años sesenta sobre cómo el espectáculo nos aparta de la actividad, nos mantiene pasivos ante una catástrofe cuyas ruinas y retos se van acumulando. Y los medios de incomunicación profundizan ese mecanismo ideal de separación mediante el cual eligen qué amplificar para mantener el *status quo*. No cabe pensar que las redes sociales puedan ayudar a escapar de esta trampa, ya que el algoritmo suele fomentar y nutrirse de la polarización, cerrando el círculo vicioso.

Los grandes medios intentan configurar un imaginario en el cual cualquier acción disruptiva es ignorada salvo cuando sirve para legitimar sus posiciones. Eso es lo que hay que desvelar para poder darle la vuelta. Debord hablaba del *détournement*, o desvío, como la posibilidad de distorsionar el significado de un evento o un objeto para producir un efecto crítico. Esto es lo que acciones como estas tratan de lograr, con más o menos acierto. Tomar conciencia es la única manera de abolir el efecto negativo del espectáculo. Ser conscientes de la manipulación, para que no sea tan fácil tolerarla, ayuda a combatirla.

No tengo ninguna duda de que estamos ante el principio de una ola de acciones de desobediencia civil al respecto de la cuestión climática. Y en un mundo que no reacciona ante el abismo que tiene delante, y cuya vigesimoséptima Cumbre del Clima fue patrocinada por Coca Cola, no hay duda, es lo que nos merecemos.

Acciones de este tipo deben abrir un debate del que las mismas acciones no deberían quedar exentas. ¿Es casualidad que en la sociedad individualista del espectáculo tendamos hacia acciones más individuales? ¿Deberíamos estar llevando el tomate y el puré de patatas a Iberdrola o a Repsol más que a los museos? Sin duda, y sobre todo tratando de que estas protestas vuelvan a ser masivas. Tiempo al tiempo.

Juan Bordera
CTXT, 26 de octubre de 2022

La fusión nuclear, Ícaro
y el pensamiento tecno-mágico

Seguro que algo habrán escuchado o leído de la flamante promesa tecnológica que viene a salvarlo todo: la fusión nuclear. Hito histórico. Energía ilimitada al alcance en pocos años. Energía creada de la nada (¡chúpate esa, termodinámica!). Estas son solo algunas de las lindezas con las que se adereza en la mayoría de los medios «el gran avance.

Pero, realmente, ¿se ha producido un avance tan espectacular? Respuesta corta: no. En 2022 se dio una progresión en los experimentos que desde hace tiempo se llevan a cabo en la National Ignition Facility (NIF) de Estados Unidos. Por primera vez, se consiguió que la energía producida por la fusión nuclear de un pellet de deuterio y tritio del tamaño de una cabeza de alfiler fuera mayor que la energía que llevaban los rayos láser emitidos.

Dispararon 192 dispositivos láser al unísono para comprimir el material y fusionar los núcleos de los dos isótopos de hidrógeno. En concreto, en la pequeña explosión nuclear se produjo una energía de tres megajulios (MJ), mientras que los rayos láser llevaban una energía de 2,1 MJ. Una ganancia de casi el 50%. Un avance que muestra que la fusión por confinamiento inercial (así se llama este método) puede funcionar, ya que si la fusión genera ganancia neta se podría producir una reacción en cadena en una muestra de mayor tamaño y conseguir mayores cantidades de energía. Los datos que ha aportado este experimento permitirán mejorar nuestro conocimiento sobre este tipo de procesos, y en ese sentido fue un hito importante para la ciencia. Hasta aquí las buenas noticias. Vamos ahora con las malas.

La primera objeción que se podría poner es que la cantidad de energía generada, 3 MJ, da para hervir el agua de una olla de nueve litros, y para eso se ha tenido que montar una instalación del tamaño de un estadio de fútbol. Además, los láseres se calientan tanto que solo pueden disparar un tiro al día, con lo que parece difícil realizar este proceso de manera sostenida.

Y lo más importante: no se ha producido realmente una ganancia neta de energía. Para cargar los dispositivos láser se gastaron 300 MJ, es decir, cien veces más de lo que se produjo en la minúscula reacción de fusión. Un dispositivo láser es un aparato muy ineficiente, y es completamente normal que se pierda tanta energía en él: se sacrifica rendimiento por precisión, algo fundamental en este tipo de experimentos. Así que no se ha ganado energía: se ha perdido. Ahora vuelvan a recordar los titulares.

El diseño del experimento tampoco permite que sea sencillo construir un reactor. Haría falta algún material que absorbiera la energía producida para poder aprovecharla, pero no se puede colocar nada entre el láser y su objetivo. Además, para producir energía de manera continua sería necesario encender pellets a un ritmo también continuo. En este caso, la reacción duró 0,0004 segundos. A ese ritmo, sería necesario utilizar 2.500 pellets por segundo, es decir, 150.000 por minuto. Una auténtica pesadilla de fabricación y de logística.

Se podría preguntar por qué este diseño es así, si no ayuda a la construcción de un reactor de fusión (al contrario que el ITER, que tendrá sus problemas técnicos no resueltos pero al menos es el diseño de un verdadero reactor). La respuesta es que el NIF estadounidense es un laboratorio cuyo objetivo es la experimentación para la mejora del diseño de bombas atómicas. La instalación no pretende crear algo parecido a un reactor, sino emular una bomba atómica de hidrógeno a pequeña escala para obtener información destinada a mejorar el diseño del actual arsenal nuclear de Estados Unidos. Y la única razón por la que se ha hecho el «descubrimiento» en 2022 es porque se había anunciado un posible recorte presupuestario. El Gobierno lo tendrá mucho más difícil ahora para recortar la asignación del NIF. Una jugada política interna estadounidense.

Sabiendo todo esto, lo que no se entiende es el entusiasmo desmedido con el que se recibió esta noticia en España (en contraste con el resto de Europa, donde se le dio una cobertura mucho más marginal y con mejores explicaciones técnicas de lo que se ha logrado y en qué contexto). Aparte del ridículo que hicieron no pocos medios, este caso ilustra algo muy significativo:

la obcecación en el discurso público —y, por tanto, y más peligroso, en los imaginarios asumibles— en que la única salida admisible a todos los problemas que tenemos es la búsqueda de una nueva fuente de energía ilimitada, un milagro tecnomágico que nos permita no solo hacer lo mismo que hacemos ahora, sino mucho más aún de lo mismo. Y esa es la cuestión verdaderamente interesante aquí.

Preguntémonos concienzudamente: ¿qué ocurriría con otra serie de problemas como los límites de los recursos, la degradación de los suelos, la crisis de biodiversidad, si llegásemos a producir el santo grial de la energía ilimitada? La respuesta es obvia: se agravarían. El de los recursos energéticos es solo uno de los límites biofísicos que nos impone la vida en esta roca suspendida en medio del frío espacio.

Hace unos años, Tom Murphy, un astrofísico de la Universidad de California, se preguntó qué pasaría si de repente nos encontráramos una fuente mágica de energía infinita. Asumiendo que mantuviéramos los ritmos históricos de crecimiento del consumo de energía, y teniendo en cuenta que la energía, después del uso, no desaparece, sino que se convierte en calor (primera ley de esa obstinada termodinámica), a medida que el consumo de energía por los humanos fuese creciendo, el calor disipado por nuestras máquinas dejaría de ser despreciable como lo es ahora, ¡y en solo cuatrocientos años haríamos hervir el agua de los océanos! La lógica del crecimiento nos llevaría a abrasarnos con la antorcha de la energía infinita, si un dios malévolo nos ofreciera ese don maldito.

Solo se pueden evitar estas y otras tantas contradicciones si se reconoce que el crecimiento perpetuo es imposible, dañino, y la principal obsesión autodestructiva de nuestra civilización. La tecnología debería ser nuestra aliada, pero no puede serlo si se necesita crecer por imperativo, ya que entonces se crean las condiciones para que siempre necesites correr un poco más rápido para permanecer en el mismo lugar: el efecto Reina Roja. Y ese efecto, indefectiblemente, agota. Los recursos esenciales finitos y el tiempo para reaccionar, en nuestro caso.

Cuando aún no faltaba energía, lo que ocupaba las discusiones sobre la Física de Altas Energías era el descubrimiento del Bosón de Higgs. La partícula elemental que explica las propiedades de la masa en nuestro universo observable. «La partícula de Dios», la llamaron. Seguro que recordáis ese gran «avance» reciente. Más allá de las consecuencias del «avance», de nuevo son mucho más interesantes sus implicaciones culturales. Ese nombre tiene mucho subtexto. Concretamente, sobre la crucial relación que nuestra sociedad ha establecido entre tecnología, magia y religión.

Las grandes religiones tenían esa función de cohesión, de generar expectativas para un futuro mejor, incluso en la otra vida. Una buena parte del espacio que ha perdido la religión, en ese aspecto, lo ha ganado el pensamiento tecnomágico. La verdadera religión de nuestra era. La que hace que los hombres más ricos del planeta sean magnates del sector tecnológico, y sus fantasías autodestructivas, la pesadilla de muchos.

Paradójicamente, en esta desquiciada carrera por intentar superar los límites biofísicos del planeta, la cantidad de milagros tecnológicos de los que dependería «sostener el crecimiento» es lo único que no para de crecer: reciclaje de materiales hasta límites que desafían a la termodinámica; enormes porcentajes de captura y secuestro de carbono como se asumen en todos los modelos climáticos, aunque a día de hoy sea un fiasco energético y un pufo económico; hidrógeno de todos los colores —pero sobre todo que parezca verde— y sin asumir sus limitaciones; energía 100% renovable, como si fuera posible hacerlo con el nivel de consumo actual, cuando las fuentes de captación de energía renovable no producen aún ni el 15%, y todo ello soportado por el mantra que más vamos a oír: emisiones netas cero. Convirtiendo cada vez más al crecimiento perpetuo y al pensamiento tecnomágico en una peligrosísima cuestión de fe. Como la que tenía Dédalo en aquellas alas que asesinaron a Ícaro, su hijo, por querer acercarse demasiado al Sol.

La única solución es desembarazarse cuanto antes de esta especie de fe ciega en la tecnología que domina nuestras sociedades. Y rápido. Cuanto más alto crezca la fe en el poder de arreglar los problemas con los mismos marcos culturales que los han generado, más crecerá también la «sisífica» distancia hasta el suelo. Tenemos que comprender que muchas de estas noticias que habitualmente podemos leer en los medios tienen más de esperanza que de experiencia, más de fe que de razón, más de desesperación que de aplomo.

Esta situación recuerda al furor por la energía nuclear (de fisión) de los años 50 del siglo pasado, cuando todo iba a ser propulsado por pequeños reactores, cuando se decía que la electricidad se volvería demasiado barata como para cobrarla. La fisión nuclear es esa energía que nos ha acabado llevando —tras Hiroshima, Nagasaki, Chernóbil o Fukushima— al invierno de 2022, en el cual Francia, la mayor potencia en cuanto a reactores nucleares, ha avisado de cortes de luz rotatorios a su población principalmente porque tiene una buena parte de sus centrales paradas. ¿Qué sorpresas nos deparará el abrir —si es que alguna vez lo logramos— esta nueva «tecnocaja» de Pandora?

Antonio Turiel y Juan Bordera
CTXT, 20 de diciembre de 2022

Una salida justa al laberinto de la transición energética

El caos climático —que en parte ya hemos desatado— es el mayor reto al que se enfrenta la humanidad. Es de una evidencia incontestable que la solución más sencilla y rápida para la ineludible descarbonización sería sustituir cuanto antes consumos finales fósiles por electricidad renovable, tanto en climatización como en transporte. Y estamos invirtiendo cantidades ingentes de dinero público en la instalación masiva de renovables con este propósito.

El reto agroalimentario, la otra gran encrucijada, tiene el potencial incluso de ser un sumidero de carbono. En este análisis propositivo nos vamos a centrar en la situación actual del «laberinto renovable» y las posibles opciones que tenemos para asegurar esa justicia sin la cual todo el proceso difícilmente será aceptado por la sociedad.

Hoy en día, la principal información en nuestro país sobre qué objetivos queremos alcanzar en materia de renovables proviene del Plan Nacional Integrado de Energía y Clima (PNIEC), un plan solamente indicativo, que pretende alcanzar sus objetivos gracias a la «autorregulación del mercado».

Según el PNIEC (en abril de 2023), España debería tener en 2030 una potencia total instalada de 50 GW de eólica y 39 GW de solar fotovoltaica. El plan prevé un aumento de la demanda que incluye, entre otras, la descarbonización del sector de la movilidad, con cinco millones de vehículos eléctricos en 2030.

Según Red Eléctrica Española (REE), en abril de 2023 había más de 100 GW de energía solar y más de 40 GW de energía eólica en desarrollo con permiso de acceso a la red. Tomando por ejemplo la solar y suponiendo que el 60% de estos proyectos consiga superar todos los hitos (más del 75% consiguieron la Declaración de Impacto Ambiental positiva), nos quedarían unos 60 GW de nuevos proyectos de solar en 2025 que, sumados a los 20 GW ya instalados, darían el doble de lo planificado por el PNIEC para 2030.

Además, estamos viviendo algunos episodios en los que empieza a observarse una saturación de la red eléctrica a la hora de absorber la energía renovable no gestionable, como en enero, cuando la REE tuvo que apagar 5 GW de eólica para hacerle sitio a la solar. A pesar de tratarse, de momento, de hechos aislados, para que estos episodios —conocidos como *curtailment*— no comiencen a ser algo habitual con la conexión de más y más nuevos proyectos, resulta imprescindible desarrollar en paralelo el almacenamiento y las interconexiones eléctricas.

En cuanto a las interconexiones eléctricas, podemos afirmar que no van a llegar a tiempo ni serán suficientes para alcanzar siquiera los objetivos de la UE para 2030. Solo hay que fijarse en los retrasos y dudas que surgen en los proyectos tanto a través del Pirineo como submarinos.

En el caso del almacenamiento, más allá del bombeo hidráulico, que no prevé un gran incremento de capacidad en los próximos años —y que además depende parcialmente de una climatología cada vez menos estable—, no parece que ahora mismo se cumplan las condiciones técnico-económicas ni regulatorias que garanticen los retornos esperados para el desarrollo masivo de almacenamiento de aquí a 2030.

A estos «problemillas» les podemos añadir las dudas más que razonables sobre la electrificación masiva de la movilidad. Cuando vemos las declaraciones de exdirectivos de Volkswagen afirmando que «los precios de los coches eléctricos no bajarán a corto plazo y los que ayer conducían un Opel Corsa mañana irán en autobús», o a Alemania reculando con la prohibición de venta de coches de combustión, parece evidente la necesidad de preguntarse por qué sigue instalándose tanta renovable y qué vamos a hacer con tanta electricidad no gestionable.

La respuesta a por qué se sigue instalando energía renovable no es ningún enigma; se trata de un negocio extremadamente rentable. La combinación de la crisis de precios de electricidad, la paridad de red para la mayoría de los proyectos, las numerosas subvenciones y la financiación concesional disponible ha desatado una verdadera ola de inversión en el sector, y, por supuesto, los fundamentos para una gran burbuja. Los propietarios de los activos no son otros que los sospechosos habituales: fondos de inversión públicos, extranjeros y privados, así como las grandes empresas del sector energético.

Sobre qué vamos a hacer con el exceso de electricidad de origen renovable, la respuesta es obvia: hidrógeno verde. Estas dos palabras parecen ser una suerte de fórmula mágica que pretende acallar todos los cuestionamientos que puedan surgir sobre la instalación masiva no planificada de renovables. Sin embargo, las dudas sobre la viabilidad técnica y económica de esta «solución» han sido expuestas en multitud de artículos científicos, así como los cuestionamientos más que lícitos sobre a quién beneficiaría este hidrogeno «verde» —cuyas necesidades hídricas no son menores— y sobre la posible colonización energética de España para beneficio del norte de Europa. En el fondo, con el hidrógeno, de lo que estamos hablando, en realidad, es de la apuesta «gatopardista» del sector energético.

A estas alturas del texto, más de uno estará pensando ya que hay que cancelar esta línea de pensamiento por «retardista», proponiendo en muchos casos dejar de lado «ideologías», asumiendo que las inercias del capitalismo neoliberal están bien asentadas y no son cuestionables ahora mismo. Nos cuesta entender cómo desde estas posiciones se puede entonces hablar de transición energética justa.

Bajo este prisma resulta fácil argumentar que la transformación de la energía en un bien de lujo, al alcance de unos pocos, a unos precios mucho más elevados, provocaría una inmediata disminución de las emisiones. Parcialmente ya estamos observando estas situaciones cuando se habla de «flexibilidad de la demanda residencial», es decir, que el más pobre deje de consumir electricidad durante las horas de precios más elevados. Obviamente, facilitar la flexibilidad de la demanda redunda en beneficio de todos. Pero hay que hacerlo socializando en su mayor parte los beneficios para ayudar a los más desfavorecidos, justo al revés de como se está haciendo a través del mercado.

Pero quizá lo más llamativo de todo el proceso sea por qué estas mismas personas que tratan de acallar cualquier crítica al modelo actual no están poniendo el grito en el cielo cuando se está privatizando el tren de cercanías en este país, una tecnología cuya planificación e inversión pública podría jugar un papel clave en la descarbonización del transporte ligero. ¿Por qué no se lucha con la misma vehemencia contra la obsolescencia programada y contra el gasto energético que conlleva? ¿O contra la producción de ropa masiva deslocalizada para un consumo irracional?

Las multinacionales y fondos de inversión están aprovechando un tema tan serio como el cambio climático para su propio beneficio, fomentando la producción y explotación privada de instalaciones de energía renovable para reducir las emisiones, pero obviando los problemas que forman parte de la propia naturaleza del sistema capitalista: consumo incontrolado, agotamiento de recursos, falta de planificación, cortoplacismo; o que no pueden usarse para favorecer la acumulación de capital y son tratados como «externalidades»: pérdida de biodiversidad, escasez de agua, generación de residuos o degradación de los bosques.

Por lo tanto, antes de hablar de cómo y dónde tenemos que instalar plantas de renovables, lo urgente es reflexionar cuántas y para alcanzar qué objetivos. Solo mediante la planificación del sector eléctrico y apoyándonos todo lo posible en la inteligencia colectiva y en la democracia participativa se puede definir qué sistema de producción y consumo nos permitirá alcanzar una transición energética realmente justa.

Pero para ello no requerimos una planificación indicativa que se base solo en señales de precio, sino de una planificación soberana, que tenga en cuenta las cuestiones tratadas anteriormente, más aún en el país con mayor riesgo de desertificación de Europa. Un riesgo que no aumentará o disminuirá dependiendo de cuántas renovables instalemos, sino que lo hará proporcionalmente al descenso del ritmo de emisiones, para lo cual es mucho más importante la reducción de energía fósil —y por tanto de la producción y consumo superfluos— que la instalación de renovables. Está a la vista de quien no se quiera poner una venda en los ojos: 2022 es el año con mayor instalación de renovables, y a la vez con mayores emisiones de la historia hasta la fecha.

Esta planificación imprescindible tiene que poder ejecutarse, y —como hemos visto a través del ejemplo del PNIEC— las señales de precios e incentivos en forma de subvenciones y financiación concesional no son una herramienta óptima, ni mucho menos. Para empezar, deberíamos crear una empresa pública de generación debidamente capacitada y capitalizada, que permita acceder a un coste de capital más barato, lo que podría ayudar a evitar que subastas de renovables queden desiertas. Esta empresa podría también ser propietaria de los paneles solares de autoconsumo, y, sobre todo, debería recuperar las concesiones hidroeléctricas para ponerlas al servicio del operador del sistema. Así este recurso público podría ser utilizado para maximizar el bienestar, y no para maximizar beneficios de multinacionales.

Este debate es mucho más que legítimo: es necesario. Y por suerte cada día somos más personas e incluso asociaciones de afectados los que aunamos esfuerzos para evitar caer en la dinámica absurda del «o estás conmigo o contra mí», del «divide y vencerás» que tan útil resulta a los pocos que se benefician de que nada cambie. Necesitamos con urgencia un debate nacional, con apertura de miras, respeto y empatía sobre cómo ayudar a que esta transición genere el menor daño posible en el territorio.

Estas son solo algunas propuestas que no cuestionan la obvia necesidad de algunas centrales renovables ni por supuesto la urgencia de la emergencia climática. Cuestionan un modelo —el basado en el crecimiento— que hace aguas mientras seca la Tierra. Un edificio no puede crecer eternamente porque, cuanto más crece, más imposible se vuelve su propio equilibrio.

Irene Calvé Saborit y Juan Bordera
CTXT, 27 de abril de 2023

La primavera silenciosamente asesinada

La primavera está desapareciendo *gradualmente* ante nuestros ojos. Pero no se trata de un fenómeno natural. La primavera está siendo silenciosamente asesinada.

En 2023, abril tuvo temperaturas de julio, embalses con niveles de verano, suelos y vegetación reseca que ardió sin control en marzo, en uno de los grandes incendios más tempranos de nuestra historia, en Castellón. Regadíos que exprimen el agua subterránea comprometiendo la biodiversidad de parques nacionales y, mientras tanto, el agua de boca que falta en Córdoba o en Cataluña. Cereales que no se pudieron cosechar por la sequía. Cabezas de ganado que no tuvieron qué comer, sacrificadas porque su alimento se producía en primavera. El mayor regulador térmico del planeta, los océanos, absorbía hasta un 90% del exceso de calor y ya ha dado señales inequívocas de desestabilización, marcando récord tras récord de temperatura. Valiosísimas poblaciones de abejas, escarabajos y saltamontes están muriendo. En algunos lugares del planeta hasta se tiene que polinizar a mano, añadiendo un riesgo más a la ya comprometida seguridad alimentaria. Y, pese a todas las evidencias incontestables, el negacionismo campando a sus anchas en programas de televisión en *prime time*.

Una primavera de elecciones, donde algunos observamos, incrédulos, el negocio innegociable: la promesa irresponsable y envenenada de incrementar el riego de la fresa con agua protegida. La locura colectiva de aceptar que alguien prometa a los agricultores agua milagrosa en Doñana.

Neruda fue demasiado optimista cuando dijo aquello de «podrán cortar las flores, pero no detendrán la primavera». Salta a la vista que podrán. ¡Y tanto que podrán! Pero ¿quiénes son los responsables? ¿Cómo hemos llegado a esta situación?

Grandes empresarios e inversores, junto a la mayor parte de los responsables políticos (que también son, indefectiblemente, responsables de la crisis ecosocial), tienen la mayor cuota de responsabilidad, sin duda. Pero casi todos aceptamos las reglas del juego y permitimos que cosas como el caos climático o el agotamiento de los recursos hídricos se agraven sin apenas respuesta. Esto no se arregla con acciones individuales, sino con una contundente acción colectiva que imponga cordura y frene unas inercias que no se van a detener por sí solas. Las cien mil personas que, durante la primavera de 2023, colapsaron el centro de Londres durante cuatro días para exigir acciones contundentes comprenden bien esta obviedad. Los medios de comunicación que silenciaron esa convocatoria pacífica y masiva, mientras amplificaban acciones más discutibles y minoritarias, también lo están comprendiendo a la perfección.

La primera de las dificultades para salir del embrollo radica en que no admitimos que se hable claro. Mentimos y aceptamos mentiras. Por nuestro interés cortoplacista, por ignorancia o por dejarnos llevar. Y, al no hablar claro, nos ponemos a nosotros mismos ocho grandes zancadillas que nos impiden avanzar en la resolución de la grave crisis ambiental y social, de la que se derivan pandemias, tensiones geopolíticas, desastres financieros y el calentamiento de la atmósfera y de los océanos. Zancadillas que van del negacionismo a la presión del egoísmo, de la hipocresía organizada al tecno-optimismo, de la huida hacia adelante a la tendencia a la autodestrucción, de la creencia en milagros a los paripés ambientales, también conocidos como *greenwashing*, ecoblanqueo o postureo ambiental. Unas zancadillas que hablan de una sociedad enferma (la codicia mata a más gente que la contaminación atmosférica) y, sobre todo, de una sociedad bloqueada, incapaz de madurar y aceptar que, especialmente ahora, menos es más, y parar puede ser la única manera de avanzar. Si te encuentras cercano al borde de un precipicio ¿es acaso «progresar» una buena opción?

La primavera está siendo silenciosamente asesinada por la ignorancia, por la prepotencia, por el exceso de optimismo, por la falta de cooperación y de valentía. En el exceso de optimismo, por ejemplo, tenemos varios casos evidentes: la captura y secuestro de carbono, que no funciona; el hidrógeno verde, un concepto que a día de hoy es un oxímoron más —y que en nuestro territorio sin lluvia es claramente una apuesta muy peligrosa—, o la fusión nuclear, a la que le faltan cincuenta años desde hace cincuenta años. Casi cualquier cosa vale. Todo con tal de no afrontar que, más que falsas esperanzas que nos hacen *esperar* más milagros de la cuenta, lo que necesitamos es activación y altas dosis de realismo.

Esperanza, sí, siempre, pero en su justa medida. Y entremezclada con rabia, el ingrediente indispensable de cualquier avance en cuestión de derechos a lo largo de la historia. El voto de la mujer, la jornada de ocho horas o los avances en la descolonización han provenido siempre de las luchas, de la desobediencia civil, del conflicto. Y ahora nos estamos jugando algo, si cabe, más importante, porque sin ecosistemas sanos y climas estables no habrá mucho más que salvar o conservar. Sin embargo, parece que seguimos sin comprender que solo con diálogo, informes y artículos en prensa no llegamos. El conflicto, en una situación de injusticia que se pretende silenciar, es nuestro aliado.

Por muchas renovables que se instalen —de maneras muy cuestionables, además, con poca participación de la gente del territorio y con una mentalidad cortoplacista en busca del beneficio económico—, si el consumo energético sigue aumentando tenemos el resultado esperable: 2022, récord de instalación de renovables y, a la vez, récord de emisiones.

La transición ecológica imprescindible es un problema más cultural que técnico, se trata más de reducir —consumo superfluo, desperdicio, desigualdad de la riqueza— que de añadir placas y molinos sin apenas planificar. Las alternativas realistas que se quieran presentar a la sociedad tienen que incorporar esta dimensión o se quedarán cojas.

Estamos subidos en la trepidante locomotora de la historia, que cada vez acelera más y más, hasta el punto de haber vuelto a aumentar el uso de carbón. Y esa locomotora va tan rápido que cada vez tiene menos estaciones donde parar. ¿Y qué le ocurrirá a una locomotora que apenas tiene donde parar y que cada vez tiene menos combustible? Nada bueno. Tendríamos que estar reduciendo las emisiones de gases de efecto invernadero a toda velocidad, pero parece que lo único que coge impulso es la inercia, una inercia que nos lleva inexorablemente hacia el final del trayecto.

Cuando, en 1962, la bióloga marina Rachel Carson escribió *Primavera silenciosa*, alertando sobre los peligros del DDT, los grupos industriales que iban a verse afectados por su investigación fueron eficaces ridiculizándola. Desprestigiar a una mujer investigadora en aquellos tiempos era, además, sumamente sencillo. Rachel Carson falleció joven, dos años después de publicar su obra más importante, y no pudo llegar a ver cómo logró cambiar el mundo, pero vaya si lo logró. El DDT se prohibió en la década de los setenta, y gracias a su trabajo incansable se salvaron incontables especies y vidas humanas. Gracias a ella nuestro mundo es mejor.

Pero volviendo al presente, el silencio reina de nuevo en otra primavera. Las aves siguen declinando globalmente. Tampoco se dejan ver casi los insectos que antes llenaban los parabrisas de los coches en cualquier viaje. Y el colapso de las poblaciones de insectos es la antesala de otro tipo de colapsos aún más peligrosos.

Actualmente, esa misma oposición interesada se está dando frente a los que no tenemos problema en asumir algo que un niño pequeño entiende sin problema: no se puede crecer eternamente en un planeta finito. De la misma manera que un edificio no puede crecer hasta el infinito porque, cuanto más crece, más pone en cuestión su propio equilibrio. De la misma manera que una persona cuando llega a la madurez deja de crecer, y se estabiliza porque de lo contrario la gravedad le acabaría haciendo besar igualmente el suelo. De la misma manera que nada crece eternamente en el universo —que sepamos—, salvo la estupidez humana.

Pues bien, aunque cada vez hay más literatura científica al respecto de la necesidad de abandonar el crecimiento como meta, aunque organismos internacionales, numerosos expertos y cada vez más políticos —incluso presidentes de gobierno— están perdiendo el miedo a hablar de ello, es curioso ver que la respuesta —muy especialmente del sector económico— es negar la mayor y seguir emperrados en una tendencia suicida, que lo es también para el propio desarrollo económico. El capitalismo sin control es el peor enemigo de este; alimentado por una codicia infinita, compromete el futuro de la humanidad, incluyendo su propia existencia como modelo socioeconómico.

La primavera está siendo asesinada. Luego caerá el otoño. Hasta que nos quedemos sin estaciones estables, sin combustible y sin frenos, y la locomotora en la que vamos subidos se estrelle irremediablemente. Y el que calla, otorga. El silencio nos hace cómplices. Cómplices de un asesinato al que aún podemos hacer frente organizándonos para detener a los que no se detendrán jamás. El pueblo es quien más ordena.

Juan Bordera y Fernando Valladares
CTXT, 11 de mayo de 2023

El decrecimiento a debate en el corazón de la bestia

Durante tres días, del 15 al 17 de mayo de 2023, el Parlamento Europeo acogió un evento que más nos vale que sea histórico. El «Woodstock del poscrecimiento», lo han llamado algunos. En el ciclo de conferencias Beyond Growth, organizado por dieciocho europarlamentarios de distinto color, muchas de las mejores cabezas del planeta en lo que respecta a la cuestión del decrecimiento / poscrecimiento debatieron con algunos de los políticos más importantes del continente.

El primer plenario iba a ser una suerte de muestra de lo que estaba por venir. De esa fractura que está abriéndose cada vez más entre ciencia y política. Una fractura entre las evidencias irrefutables de la urgencia científica, y los límites de la *realpolitik* de la Unión Europea para lograr transformaciones que no sean parches o, aún peor, disfraces. Si siguen el relato de lo acontecido, verán que, pese a todo y pese a todos, sí hay una salida para Europa y para el resto del mundo.

A la presidenta del Parlamento, Roberta Metsola, y a la presidenta de la Comisión Europea, Ursula

Von der Leyen, no les tocó el papel de malas de la película. Eligieron ellas misma representarlo. Ante un público que abarrotaba el hemiciclo, y muy favorable a abandonar los eufemismos —al menos durante tres días—, decidieron abrir el evento con un gran jarro de agua fría. Metsola eligió defender la necesidad de promover más crecimiento en la apertura de un evento diseñado, por fin, para lo contrario. Von der Leyen fue más hábil y al menos concedió que «el modelo de crecimiento fósil está obsoleto», evidenciando la estratagema que muchos poderosos van a seguir desde ahora: crecer será posible con energías renovables, captura y secuestro de carbono y *unicornios voladores*. De hecho, es la misma estrategia — calcada— que la que se va a seguir en la COP28, presidida por un jeque del petróleo. La captura y secuestro de CO_2, de momento, es un sumidero de recursos que funciona solo para captar y secuestrar fondos públicos, y como tapadera/cobertura para seguir engañando al personal.

Afortunadamente, después de Metsola y Von der Leyen no se escucharon muchas voces más —todas institucionales, y algunas directamente abucheadas— que se atrevieran a negar la evidencia: el debate más crucial del siglo XXI no va a ser otro que cómo reconvertir nuestros sistemas económicos de modo que no necesiten crecer. Para empezar, porque no va a ser posible hacerlo por mucho tiempo más, como no sea a costa de dejar fuera de la tarta menguante a cada vez más gente.

Si hay una intervención que explica a las mil maravillas —y en apenas diez minutos— por qué lo del «crecimiento verde» es un oxímoron imposible e indeseable, esa es la segunda intervención del economista de la Universidad de Lund, Timothée Parrique. A Metsola y a Von der Leyen, a quienes apeló indirectamente, les debieron de pitar los oídos.

Pero, entrando ya en el debate que realmente importa —el de cómo maniobrar concretamente—, voy a tratar de dibujar un camino de salida que se puede entresacar juntando algunas de las aportaciones hechas esos días. Comencemos con la primera obviedad: que esto va, para empezar, de ir a por los megarricos. Sin políticas de redistribución agresivas no hay nada que hacer. Milena Buchs apostó por tasar la riqueza (*stock*) y no tanto los ingresos (flujo), para favorecer el funcionamiento transicional del propio sistema. Simone D'Alessandro introdujo una cuestión también crucial, el gasto militar. Cada euro gastado en aumentar los ya inflados presupuestos militares nos aleja de una solución coordinada al mayor reto que enfrenta la humanidad.

Con estas dos cuestiones solamente, ya tendríamos muchos fondos disponibles para lanzar un programa lo más global posible (aunque podría comenzar siendo europeo) de reducción de la jornada laboral, renta básica universal, en dinero, o de servicios básicos universales, en especie (esto es, garantizar lo básico a todo el mundo, lo que parece obviamente más útil en un contexto que puede ir hacia la inflación o incluso la estanflación); y, para acabar con este trinomio semimágico —porque admitamos que no va a ser fácil lograrlo—, rentas de emergencia y/o recetas de trabajo garantizado para las personas que trabajen en sectores que necesiten reconversiones o apoyo especial: agricultura ecológica, turismo, automoción, armas, etcétera. Nadie dijo que fuera fácil, pero el camino más interesante transita inequívocamente por aquí.

Otro gran debate se dio con el tema del lucro. Contener el lucro dentro de unos parámetros de sostenibilidad, propuesta defendida por D'Alessandro, parece la mejor opción disponible. No tratar de erradicarlo —cosa que defendía Parrique—, porque eso es un objetivo tan maximalista que muy difícilmente podrá llegar a conseguirse, como no sea en un plazo del que no disponemos. Además, el lucro no es el principal problema. Pensemos: si acabamos con el lucro pero seguimos pretendiendo crecer un 3% anual, el problema de la desigualdad desaparece con el tiempo, pero el del choque contra los límites planetarios, el más urgente, se queda prácticamente igual. Obrando al revés, eliminando el crecimiento, pero manteniendo un «lucro controlado», quizá la desigualdad tarde más en estar adecuada a la justicia social, pero el problema más urgente sería atajado con rapidez. El principal problema es el crecimiento. Si bien deseable sería sin duda atajar ambos problemas a la vez, apostando por cambiar el modelo socioeconómico del capitalismo por uno que planifique mejor qué hacer con los recursos y priorice el bienestar y satisfacer necesidades: el buenvivir, en definitiva. Simplicidad y suficiencia fueron dos palabras que también se escucharon muchas veces, especialmente en la boca de la autora del IPCC, Yamina Saheb. En esa línea, el economista Dan O'Neill aportó la propuesta de salarios máximos. Y, por supuesto, se apostó a su vez por fomentar al máximo el cooperativismo y la economía social.

Las luchas decoloniales estuvieron también muy presentes. Asimismo el feminismo y la economía de los cuidados. Vandana Shiva fue quien expuso el dato que más debería avergonzar al mundo «civilizado»: el 80% de la biodiversidad que tanto nos protege y salva está en manos de los pocos pueblos indígenas que hemos permitido que sobrevivan, esos que consideramos atrasados desde nuestra *tecnoatalaya* colonial. La brecha Norte-Sur se da más bien entre bolsillos, en realidad. Hay bolsillos del Norte en el Sur y viceversa, pero los grandes suelen ser hombres en ambos casos.

De ese debate, otra obviedad: decrecer es una cuestión urgente solo para los países ricos, porque así van a liberar espacio para que otras naciones puedan desarrollarse, crecer, y así encontrarse en una suerte de economía en estado estacionario o de poscrecimiento. Este punto es compartido mayoritariamente: Europa —junto con sus descendientes, Estados Unidos y Australia— ha sido la mayor beneficiada históricamente por la colonización. Ahora nos debería tocar asumir su justa contraparte.

Pero en el corazón de la bestia hay más tinieblas que luces. Lo que Von der Leyen realmente plantea —con la competencia con Estados Unidos y los países emergentes como pretexto— es justo lo contrario: rebajar legislaciones «verdes» que han sido hasta ahora cobardes, insuficientes y tibias. Todo debe ser sacrificado en el altar del auténtico dogma de fe de nuestra era: el imposible crecimiento infinito en un planeta finito. Siempre sostenido por el otro dogma, que la tecnología milagrosa ******** (ponga usted aquí su milagro favorito: hidrógeno verde, fusión nuclear, captura y secuestro de carbono...) nos va a llevar a las emisiones netas cero y, por supuesto, al 100% de la energía renovable (ojo, energía, no electricidad, que sigue siendo menos del 25% del total).

Benoît Lallemand lo expresó claro y cristalino: nunca hemos hecho una transición energética, nos hemos limitado a añadir cada vez más fuentes al *mix* energético. Y, seguramente, ya ustedes adivinarán con facilidad cuál es el obstáculo principal para que nunca la hayamos hecho.

Lo que se está evidenciando cada vez con mayor claridad es que uno de los materiales más cruciales para la transición energética, el cobre, ya está dando signos claros de estar tocando los límites de su propia producción, demostrando que muchos *tecnosueños*, una vez se hacen unos pocos números, son más bien pesadillas. Sandrine Dixson-Declève, copresidenta del Club de Roma, dijo una de esas frases destinadas a ser recordadas: «La única tecnología que podría salvarnos es una máquina del tiempo que nos permita volver cincuenta años atrás».

Respecto al PIB, hubo debates —que ya están superados desde hace setenta años— cuando Kuznets, nada menos que el inventor del medidor, dijo que eso de que fabricar bicicletas y tanques suma lo mismo, pues como que no. Que eso de que contaminar un río suma al PIB, porque una empresa irá a limpiarlo, como que tampoco. Que ese medidor es una estafa que deberíamos haber abandonado hace décadas. Que el debate crucial lo plasmó Parrique en dos frases: «Lo que hay que desacoplar son las necesidades humanas del crecimiento económico». Cuando el PIB va hacia arriba, la naturaleza y los ecosistemas que sostienen la vida van hacia abajo. La verdadera pregunta es: «¿A cuál de los dos queremos salvar realmente?».

Hubo muchas menciones a las generaciones jóvenes y por venir, y destacó la intervención de Tim Jackson en el último plenario, que terminó de manera inmejorable con dos voces procedentes de ese sector: Agata Meysner y Anuna de Wever, que pusieron en pie a los asistentes.

En una magistral intervención, Ann Pettifor abogó por «volar el oleoducto del dinero fácil» porque estructuralmente favorece la concentración de riqueza. Otras cuestiones quedaron pendientes o tratadas insuficientemente, como la necesidad de encontrar alianzas con luchas obreras y sindicatos, o cómo conseguir todos estos cambios, cómo hacerlos realidad:

las estrategias de acción, siempre insuficientemente tratadas.

Pero quizá el cuello de botella sea el hipercomplejo tema de la deuda, con interrelaciones directas con la soberanía monetaria. Quizá hace falta un Beyond Debt. Un evento específico para tratar de encontrar salidas que escapen de eslóganes fáciles, como el de cancelar la deuda por completo —algo que no tiene en cuenta las derivadas globales que algo así podría provocar y que no distingue entre deuda interna y externa—, pero que asuman que en realidad una buena parte es impagable —y odiosa—, algo que sabe hasta el apuntador.

Pese a todos los obstáculos y puntos ciegos, hay un camino trazado claramente por dos de las mejores intervenciones del evento: la de la autora del IPCC Julia Steinberger, y la del antropólogo Jason Hickel. En ellas, además de hablar sobre muchas otras cuestiones interesantísimas, eligieron hacerlo sobre democratización, asambleas ciudadanas, de cómo el sistema político actual está obsoleto, corrompido por el poder económico y sujeto al cortoplacismo electoral. Solo mediante una democratización radical podemos albergar esperanzas de maniobrar a tiempo. La brecha entre ciencia y política, que este evento puso aún más de relieve, solo se podrá cerrar con más democracia —o con lo contrario—.

Las asambleas —una fórmula que precisamente une el mejor conocimiento científico disponible con la mejor forma de hacer políticas de urgencia que conocemos— están funcionando y, como ha sucedido con esta conferencia, los medios no lo están contando. Y este tipo de omisiones, como denunció la propia Julia Steinberger, tienen un claro motivo.

Allí donde se celebran estas asambleas se proponen medidas más adecuadas y radicales que las que ningún partido político podrá llevar a cabo. Si bien algunos de estos partidos llevan estas medidas en sus programas, lo que necesitamos es un cambio político que haga posible lo que, aunque imprescindible, hoy es imposible. Una reforma no reformista que, bien aplicada, sería revolucionaria. Asambleas temáticas y regionales que vuelvan a enraizar la política en el suelo que pisa, y que eviten que las decisiones se tomen con trazo grueso, con influencias de los *lobbies* y sin tener en cuenta el conocimiento de los expertos, y del propio territorio. Para temas como la transición energética, estas asambleas no pueden ser más cruciales.

Uno de los mayores responsables de que este evento tuviera lugar y fuera tan fértil fue el presidente del mismo y copresidente de los Verdes europeos, Phillippe Lamberts, que pidió que este tipo de eventos se den en los parlamentos de los distintos países, y sobre quien se podría escribir un artículo entero solo con sus aportaciones. Destacaré una sola: si fallamos a la hora de reducir el metabolismo de nuestras economías, lo que vendrán serán más autoritarismos y dictaduras.

Ya las estamos viendo crecer como setas en toda Europa, por no gestionar esta contradicción. Una contradicción que en castellano se entiende aún más fácil: o el decrecimiento ineludible se transforma en una cuestión *vox populi*, es decir, gestionado de manera radicalmente democrática, o acabará siendo Vox, a secas.

Juan Bordera
CTXT, 2 de mayo de 2023

El Niño y su mar (en llamas) en la era de la Gran Aceleración

Hay momentos en la vida de una persona, o del mundo mismo, en los que parece como si el tiempo se acelerase. En apenas diez días se producen cambios cuyos efectos durarán décadas, o incluso siglos. Es en esos días donde uno siente que hay más que contar y que, sin embargo, el tiempo no alcanza. Ni siquiera para comprender bien lo que está ocurriendo. Menos aún para describirlo. Decía Marguerite Duras que escribir es intentar saber qué escribiríamos si escribiésemos. Así que al menos intentémoslo.

Podría escribir sobre el robusto equilibrio térmico que nos proporcionan los océanos, esas maravillas repletas de vida que almacenan más del 90% del exceso de calor, y tendría que contar cómo ese equilibrio, esa antigua robustez, está desvaneciéndose ante nuestros ojos a una velocidad increíble. Los récords de temperatura en la superficie de los océanos han sido pulverizados de una manera que la razón no alcanza a comprender. Los valores en el Atlántico Norte parecen una imposibilidad, un error. Pero no hay error en la gráfica. El error, como veremos, está en otro lugar.

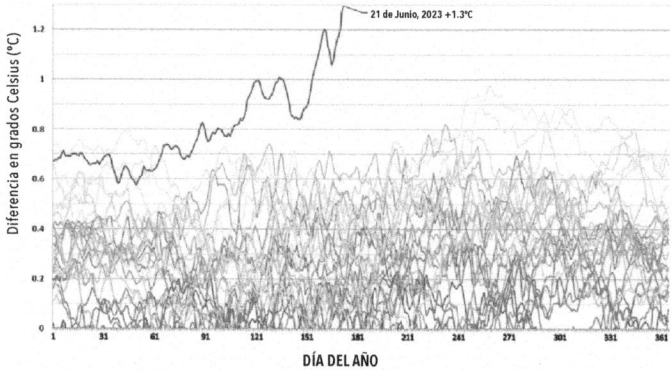

Atlántico Norte (0-60 N) **Variación de la temperatura de la superficie del mar (SSYA)**
(Media de 1982 a 2011)

DÍA DEL AÑO

Aunque la anomalía ha sido más pavorosa en esta zona, el promedio global ha estado prácticamente igual de desbocado. Y si bien ambas frenarán en algún momento, el hecho de que se haya producido semejante cambio exponencial es algo que hay que investigar porque podemos estar ante la ruptura de «algo» muy peligroso. Un cúmulo de causas diferentes están interactuando a la vez para que estas anomalías se estén dando de una manera tan abrupta. Es probable que todavía quede algo de tiempo para reaccionar, pero las mejores opciones ya se están evaporando.

Tal vez podría seguir escribiendo sobre cómo las olas de calor oceánicas —quizá las más peligrosas de todas—, con consecuencias irreversibles para la vida marina que literalmente sostiene al resto, han proliferado en las costas de medio mundo: Irlanda, México, Ecuador, Japón, Mauritania, Islandia... y la lista desgraciadamente sigue. Estos fenómenos —como casi todos los extremos— son cada vez más frecuentes y abruptos.

Podría escribir también sobre cómo las anomalías de deshielo y creación de hielo en el Ártico, y especialmente en la Antártida, han dejado a los científicos anonadados, con una mueca de terror e incomprensión en sus rostros.

El mapa térmico que tenemos ante nosotros dibuja una situación más bien cercana a lo terminal. Y nadie que comprenda bien qué está pasando puede entender por qué apenas se ha hablado de esto en los grandes medios. Día sí, día también. Con programas especiales, como los que algunos «comunicadores» dedican a temas tan «cruciales» como la okupación o los *chemtrails*.

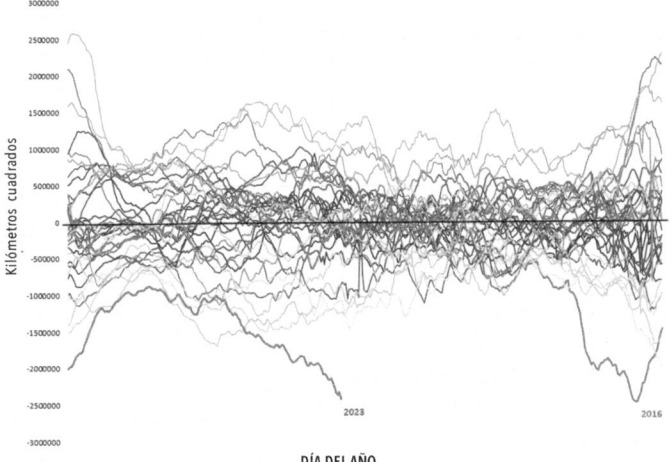

Variación de la extensión del hielo marino en la Antártida: 1991 – 2023
(Diferencia de la media de 1991 a 2023)

Through June 17, 2023 @EliotJacobson on Twitter

Podría escribir, y subrayar, que los récords de todo tipo se han seguido rompiendo con una naturalidad cada vez más antinatural. 40ºC en Siberia. 50ºC en México. Incendios históricos en Canadá con sus consiguientes postales en un anaranjado y postapocalíptico Nueva York. Récords de precipitaciones en Japón. Muertes masivas de peces en Texas.

Podría continuar escribiendo sobre cómo el Gobierno francés lanzó una valiente campaña mediática para preparar a su población ante un escenario de 4ºC de aumento de temperatura respecto al período preindustrial: «No podemos escapar de la realidad», dijo el ministro de Medio Ambiente, Christophe Béchu. Aunque la contraparte oscura de Francia es muy tenebrosa: el 21 de junio de 2023 —el día en que terminaba simbólicamente la primavera para dar paso a un verano que será histórico— se confirmó el decreto de disolución de Les Soulèvements de la Terre (SLT), quizá el movimiento organizado más transformador del ecologismo europeo reciente.

Y mientras tanto, podría escribir cómo aquí, en un territorio con riesgos más obvios, debido a la desertificación y al caos climático —cosas de la latitud— obtienen mayorías absolutas partidos que proponen poner una maceta en cada balcón, y que pactan con negacionistas de la ciencia, de los derechos humanos y de la realidad aplastante.

Podría quizá, para ir terminando, escribir y apuntar —sin la precisión que solo el tiempo nos dará— hacia los posibles motivos de que estos sucesos tan improbables estén coincidiendo en el tiempo: el fenómeno de El Niño —la oscilación entre aguas más calientes y frías (La Niña) en el Pacífico— ha vuelto, y de qué manera. Algunas previsiones muy fiables dejan claro que se tratará probablemente de un fenómeno muy fuerte, que se ha formado muy rápido, y que va a seguir calentando durante meses los océanos de la Tierra.

Pero hay que sumarle otros posibles sospechosos que también están generando caos: la erupción de un volcán submarino en Tonga, que liberó una buena cantidad extra de vapor de agua a la atmósfera; la debilidad de algunas corrientes atmosféricas que de manera circunstancial han dejado libre de polvo del Sáhara algunas zonas; así como el impacto producido por un cambio sustancial en la legislación de los combustibles de los barcos, que ahora están obligados a circular provocando menos emisiones de azufre, lo cual calienta el planeta —y la superficie oceánica en particular— por la eliminación del efecto barrera que provocaban los aerosoles de estas emisiones. Se desenmascara así el calentamiento real que ya hemos provocado.

Finalmente, la guinda llega después del pastel: podríamos estar presenciando los inicios de la interrupción de algunas corrientes oceánicas imprescindibles para el equilibrio homeostático del planeta, y esto sí que sería terriblemente problemático. La Corriente del Golfo es la más lenta desde hace, por lo menos, 1.600 años. Y en el sur, en la Antártida, más de lo mismo, con descensos en la velocidad de la corriente de alrededor del 30% en apenas tres décadas.

Comprendamos esto bien porque es clave. El agua del deshielo de los casquetes es dulce y fría y, al aumentar la cantidad que va entrando en puntos concretos del circuito, se ralentizan las corrientes, que además se ven afectadas por un aumento de la temperatura general oceánica. Sin negar que en algunas zonas suceda lo contrario de manera puntual, la tendencia general es hacia el frenado. Con esta ralentización de la *cinta transportadora*, el calor se va acumulando en la superficie oceánica, ya que las aguas no se «mezclan» tanto como antes. Esto podría provocar en el futuro efectos difíciles de prever, y por eso se están produciendo debates sobre el tema y pocos se atreven a posicionarse al respecto.

En el fondo, lo que hay detrás de todo es algo muy fácil de comprender: se llama calentamiento global, caos climático, emergencia, llámenlo como quieran. Y la NASA certificó un detalle que ha pasado inadvertido para el gran público: el balance radiativo se ha doblado en poco más de una década.

Podría escribir mucho más, y sobre cosas terriblemente importantes, como la degradación que supone condenar a cárcel a científicos como Mike Lynch-White —veintisiete meses por una protesta pacífica— o grandes multas como la impuesta al profesor Nikolaus Froitzheim. Valientes activistas que protestan ante esta emergencia planetaria que —no lo duden— va a tener impacto en forma de fenómenos extremos, agravados este mismo año. La cuestión ya no es si sí o si no, la cuestión es dónde cae la ruleta que cada vez tiene más «premios» y más gordos.

Quizá ha llegado el momento de dejar de escribir tanto y pasar a la acción. Porque, en esta situación y ante la inercia de la inacción, necesitamos más que palabras. Necesitamos organizarnos, empatizar con aquellos que no piensan exactamente igual para poder ser suficientes y provocar un cambio. Pero a la vez tenemos que asumir que vivimos en la era de la Gran Aceleración y, cuando los retos y los problemas se aceleran, la respuesta política no puede ser moderarse, no puede ser acobardarse, porque ese sería el verdadero y fatídico error.

Juan Bordera
CTXT, 27 de junio de 2023

Manual contra el negacionismo climático en la década axial

Las cosechas se han perdido en media España y en muchos otros lugares entre sequías sempiternas e inundaciones catastróficas que recorrieron el mundo entero en 2023. Los fenómenos extremos se han ido sucediendo cada vez con mayor virulencia provocando que expresiones tales como «incendios de sexta generación», «granizadas de nivel cuatro» o «medicanes» (huracanes en el Mediterráneo) se normalicen en lugares en los que no eran habituales. Los océanos ardieron con temperaturas fuera de toda lógica, dejando anonadada a la comunidad científica.

¿Qué tienen en común India, Turquía, Reino Unido o España? Que conviven en ese espacio que hay entre un mar hirviendo de calor acumulado y un cielo sobrecargado de «progreso». Y la energía retenida durante décadas en los océanos no se pierde, se está transformando. Mientras tanto, una camarilla de sabihondos y eruditos sigue tratando de negar lo innegable, de negociar con lo innegociable. De convertirse en kafkianos sesgos de confirmación con pequeñas patas.

Hasta este julio de 2023, histórico, el día más caluroso jamás registrado se había producido en 2016, con 16,92ºC de temperatura media en todo el planeta. El lunes 3 de julio de 2023 esa cifra fue superada (17,01ºC), pero se trató del récord más breve posible, porque duró exactamente un día. El martes 4 de julio y el miércoles 5 el registro fue pulverizado por un nuevo récord que se repitió (17,18ºC), y el jueves 6 otro más (17,23ºC). Durante los días siguientes, hasta el mes de agosto, la temperatura ha seguido manteniéndose por encima del récord anterior.

Los sucesos son tan graves, evidentes y recurrentes que ya nadie puede negar el cambio climático. Sin embargo, demasiada gente no comprende aún ni la urgencia ni la gravedad del asunto, debido al poco trabajo de pedagogía realizado por los grandes medios de comunicación, que no otorgan al tema la importancia que tiene.

Ante la oleada de fenómenos abruptos, las intentonas de desviar el debate climático van siendo más sutiles y elaboradas. Ahora se trata de insinuar que «no estamos seguros de las causas», que «son ciclos naturales», y otros sinsentidos por el estilo. Por desgracia, podemos encontrar ejemplos tanto en la supuesta izquierda —como es el caso del fundador de Red Voltaire, Thierry Meyssan— como, también, por supuesto, en la derecha de las «macetas en los balcones», y sobre todo entre la ultraderecha, donde los negacionistas son aún más comunes.

En una entrevista, la antiabortista de Vox María de los Llanos Massó Linares, flamante presidenta de les Corts Valencianes gracias al pacto con el PP, decía:

«Una cosa es el cambio climático, y otra cosa es que sea antropogénico, o sea, que el hombre sea el culpable del cambio climático. El cambio climático ha existido desde que existe la Tierra, desde que existe el clima. Es que ahora, como no se estudia, pues no se sabe. Pero las glaciaciones han existido siempre. Esas fases han existido siempre». Otros miembros de ese partido han realizado declaraciones similares.

Curiosamente, tanto Meyssan como Massó —con posicionamientos ideológicos aparentemente antagónicos— se dan la mano para intentar contradecir algo que no admite discusión científica alguna. Cualquiera que no busque reafirmar su sesgo de confirmación, y analice los datos, puede comprobar que el cambio climático actual, de una velocidad inaudita, es de origen indudablemente antropogénico.

Me negarás tres veces, Massó

Tres son los argumentos que se suelen dar para afirmar que el calentamiento global se debe a causas naturales. Los ciclos orbitales o de Milanković (a los que se refiere también Meyssan), los ciclos solares y los volcanes.

Bien, desmontemos los tres para proporcionar argumentos a quien se tenga que enfrentar a estas posiciones cada vez más arrinconadas y residuales, pero que parecen resistirse a claudicar. Todos conocemos (y quizá queremos) a alguien que se niega a comprender el enorme peligro que suponen este tipo de declaraciones, especialmente cuando vienen de «responsables» políticos.

La historia del genio Milutin Milanković merecería mucho más reconocimiento. Sin ordenador ni calculadora alguna, fue capaz de estimar y demostrar que los cambios cíclicos en el clima se debían principalmente a tres factores, tres grandes ciclos orbitales que operan en una escala de tiempo geológica: precesión (26.000 años), oblicuidad del eje de la Tierra (41.000 años) y excentricidad de la órbita (dos ciclos superpuestos, uno con una duración de 100.000 años y otro de 413.000).

Estos tres ciclos son los responsables directos de los cambios climáticos naturales, debido a que aumentan o disminuyen el balance radiativo de la Tierra. También pueden influir circunstancialmente otros factores endógenos, como las erupciones volcánicas, y exógenos, como los cometas.

Con los cambios climáticos ocurre como con los incendios: existen algunos naturales y otros provocados. Las variaciones orbitales son responsables de que una mayor o menor cantidad de radiación solar llegue a la superficie de la Tierra, siendo las responsables directas de los ciclos glaciales e interglaciales, y de la evidente periodicidad de los mismos.

Verlo gráficamente ayuda a comprender la relación innegable que existe, en estos últimos 800.000 años, sobre todo con el ciclo de excentricidad de la órbita de nuestro planeta —debido a que no solo el Sol tira gravitacionalmente de la Tierra, sino que también lo hacen Júpiter o Saturno, la órbita y la cantidad de radiación varían—, convirtiéndola en la principal responsable de la alternancia entre glaciaciones y periodos interglaciares más cálidos en este último millón de años.

Dos cosas llaman poderosamente la atención en las gráficas. La primera es la más obvia: temperatura y

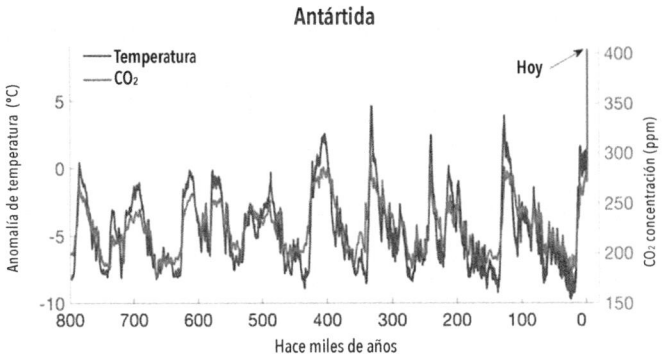

Antártida

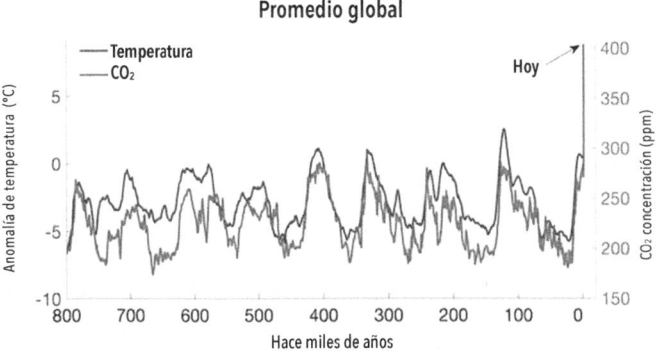

Promedio global

Fuente: Ben Henley (The Conversation)

CO^2 se entrelazan en una dependencia mutua incuestionable: cuando aumenta la temperatura, aumenta la concentración de CO^2, y viceversa.

Durante millones de años, ha sido la radiación solar la que aumentaba la temperatura y eso provocaba el aumento de la concentración de CO^2 en la atmósfera, mientras que en la actualidad es justo al revés. Al aumentar la concentración de CO^2, es este el que provoca el aumento de la temperatura. Es química básica. Es innegable. Es ridículo que aún haya gente pretendiendo negarlo.

La otra cuestión que llama la atención es quizá más interesante, sobre todo para Massó, que disertaba sobre las glaciaciones: los periodos cálidos —los picos en la gráfica— suelen producirse cada 100.000 años. 100.000 años. ¿Dónde hemos visto esa cifra antes? Efectivamente, en el ciclo de la excentricidad de la órbita. Aunque sea la acción de los tres ciclos combinados la que marca el ritmo, la regularidad es innegable.

Los períodos cálidos, como la época actual, conocida como Holoceno, esa que ha visto florecer a todas las civilizaciones conocidas, suelen durar poco, y ya nos estaríamos acercando ahora a un periodo frío, de no ser por el enorme experimento que estamos haciendo con la atmósfera. Nos dirigimos aceleradamente hacia un lugar que sería el final del trayecto para la civilización tal y como la conocemos.

En el estudio *Trajectories of the Earth System in the Anthropocene*, uno de los más importantes quizá de los últimos años, se apunta claramente a que los bucles de realimentación harán que nos saltemos esos ciclos naturales y dirijamos la Tierra a un estado que este equipo, formado por muchos de los mejores científicos del planeta, denominaron Tierra Cocedero o Tierra Invernadero. Está claro que nada bueno ocurrirá si llegamos a ese punto de no retorno, del cual estamos cerca. Los autores en 2018 lo cifraron en alrededor de 2ºC. Viendo la velocidad que lleva el proceso, es más probable que esté por debajo que por arriba.

Nivel del mar y temperaturas

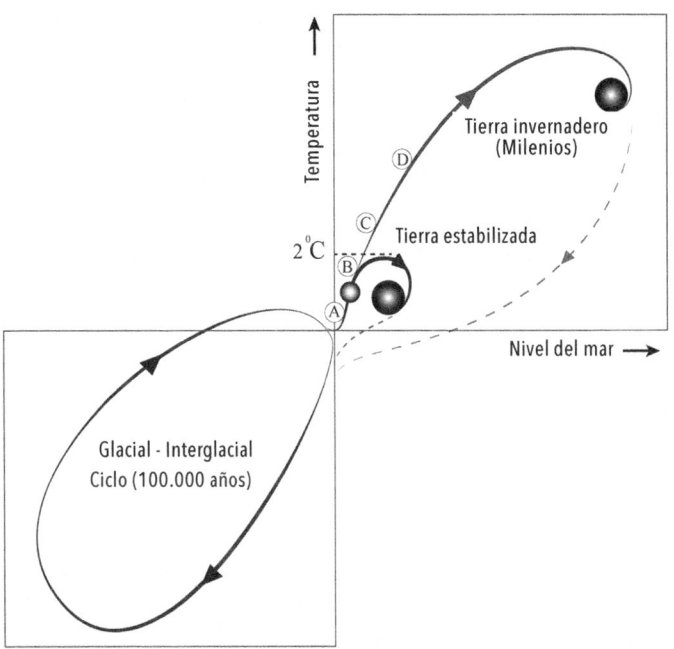

Fuente: PNAS.

Ciclos solares

Durante los últimos miles de años, la actividad solar ha ido oscilando, alterando con ello la radiación que incide sobre la Tierra y, lógicamente, la temperatura. Las fluctuaciones en la cantidad de energía emitida por el Sol afectan a la luminosidad y al viento solar o campo magnético, y ambas están interrelacionadas con efectos visibles, como las manchas solares. A pesar de estas fluctuaciones, el valor medio de la radiación solar, 1.366 W/m², apenas cambia: las fluctuaciones producidas por el ciclo de las manchas solares no van más allá de 1 W/m². La variación solar más importante es la de los ciclos de las manchas solares y tiene once años de duración hasta que se retorna al mismo valor de manchas y de radiación. Hay otros ciclos de mayor duración, sobre todo el ciclo de Gleissberg, con un período de 72 a 83 años, causante del famoso Mínimo de Maunder que originó la Pequeña Edad de Hielo. Pero cuando uno superpone la evolución de las temperaturas y de la actividad solar resulta evidente que no guardan ninguna relación con lo ocurrido en el último siglo.

Volcanes

El efecto de los volcanes en el clima es muy variable. Dado que emiten gases de efecto invernadero (vapor de agua, óxidos de carbono y azufre, etc.), pueden contribuir a calentar la atmósfera, como ha sido el caso del volcán submarino de Tonga en 2022. Pero, al emitir partículas, cenizas y aerosoles, aumentan la fracción de radiación solar que es reflejada hacia el espacio exterior, y pueden enfriar también, como fue el caso del volcán Tambora, que generó todo un año sin verano con grandes fracasos en las cosechas por falta de calor suficiente. El que predomine uno u otro efecto depende de cada volcán, pero la alteración de las erupciones es temporal y, pasados unos años (como mucho cuatro o cinco), su impacto en la temperatura local o global se desvanece. Como en el caso de los ciclos orbitales, que ocurren en escalas de miles de años, o en el de los ciclos solares, que ocurren en la escala de décadas, los volcanes son una fuente de variación cli-

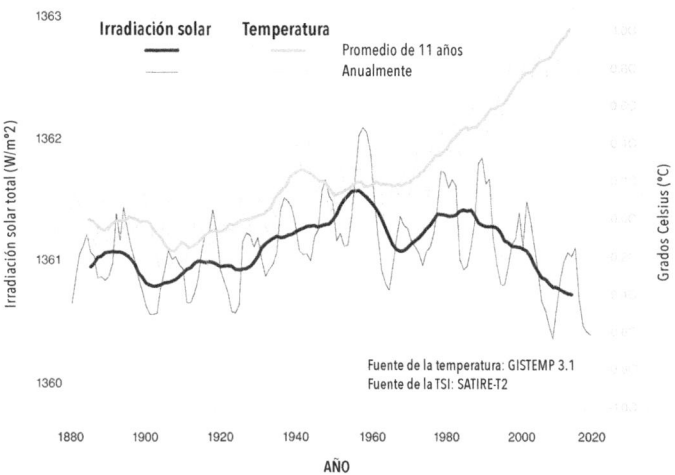

Temperatura vs actividad solar

Irradiación solar total (W/m°2)

Grados Celsius (°C)

Irradiación solar   Temperatura

Promedio de 11 años
Anualmente

Fuente de la temperatura: GISTEMP 3.1
Fuente de la TSI: SATIRE-T2

AÑO

Fuente: NASA.

mática natural que no guarda ninguna relación con lo observado en el último siglo. No hay modelo físico del clima capaz de reconstruir la historia climática desde mediados del siglo XX hasta el presente sin tener en cuenta el efecto —conocido como «forzamiento radiativo»— de los gases de efecto invernadero emitidos en grandes cantidades al quemar combustibles fósiles. No hay nadie que, con la ciencia en una mano, pueda negar esto, aunque tenga una biblia en la otra.

A pesar de la evidencia científica, es más cómodo creer las opiniones de Massó o de Meyssan y sus ideas tan convenientes al inmovilismo de los grandes poderes económicos que llevan décadas financiando *think tanks* y comprando «científicos» para poder seguir con sus industrias. Solo en Estados Unidos se invierten cientos de millones de dólares al año para financiar el negacionismo.

Al menos Meyssan reconoce carecer de ningún conocimiento sobre el estudio del clima. Pero mientras algunos opinan sin saber, millones de personas en todo el mundo abandonan sus hogares por fallos en las cosechas o directamente por temperaturas incompatibles con la fisiología humana. El cambio climático golpea la vida de muchas personas, y tenemos que escuchar a responsables políticos hablar con suma negligencia sobre una cuestión de vida o muerte.

Mientras las evidencias y los desastres se acumulaban, en esa España que parece ir decolorando hacia el blanco y negro se daba pábulo a teorías estrambóticas y supercherías baratas como las del «niño meteorólogo de las cabañuelas» que participó en un acto de la Universidad CEU San Pablo junto al presidente de Andalucía, Juan Moreno Bonilla.

El filósofo aleman Karl Jaspers definió la Era Axial —el tiempo-eje— como el momento en el que «los cimientos espirituales de la humanidad se establecieron simultánea e independientemente en China, India, Persia, Judea y Grecia». Del 800 a.C. al 200 a.C., en apenas seiscientos años, se construyeron muchos de los marcos de pensamiento que aún perviven. Estamos en una suerte de «década axial» de la que ya hemos recorrido casi una tercera parte. O usamos el tiempo restante para ganarle la batalla a la pseudociencia y a los intereses económicos, o vamos a pagarlo muy caro durante los próximos siglos.

En esta «década axial» las decisiones deben tomarse de la manera más científica posible, con la participación de la ciudadanía y dejando al margen a los poderes económicos por sus evidentes conflictos de interés. Solo así evitaremos caer en el mismo error de siempre y en el agujero infernal de una Tierra Cocedero que ya deja sentir su calor creciente.

Juan Bordera, Fernando Valladares
y Antonio Turiel
CTXT, 16 de julio de 2023

El Ecuador, entre la canción de hielo y fuego

Vivo inmerso en una gran contradicción: soy cada vez más consciente de que voy en un barco que se hunde, pero aún tengo esperanza. En el verano de 2023, al calor de los inauditos récords de temperatura oceánico, ya alerté acerca del riesgo de parálisis de las principales corrientes de los océanos. Poco después se publicó en la revista *Nature* un estudio («Warning of a forthcoming collapse of the Atlantic Meridional Overturning Circulation») que confirma las peores sospechas y además les pone fecha: este siglo (y tan pronto como esta misma década) podríamos sufrir un colapso de una las corrientes oceánicas más importantes del planeta.

El estudio y el debate que ha provocado han dado la vuelta al mundo. Las consecuencias de que realmente ocurriese un colapso en la corriente termohalina (cuyo brazo en el Atlántico norte se conoce como AMOC) son difícilmente calculables o predecibles, pese a que ya haya pasado antes. Y ni siquiera es la única corriente importante ralentizándose.

Pero no nos pongamos tremendistas (o nos acusarán ya se imaginan de qué). Comencemos por repasar las últimas noticias al respecto de la extraordinaria emergencia planetaria que cada vez es más patente, y que en el fondo seguimos negando (al menos en cuanto a tomar medidas acordes se refiere).

Hemos visto granizadas con piedras de hielo de hasta quince centímetros de largo en multitud de lugares (en Italia hubo víctimas mortales y más de cien heridos). También inundaciones devastadoras en medio mundo: México, Italia, Noruega, Eslovenia, Chile, India, Japón, Alemania, China, Argentina y un largo etcétera de países con el que podría seguir la lista. Se produjo la tormenta tropical Hillary en Estados Unidos (la primera en más de ochenta años en golpear la costa oeste). Y la anomalía en el crecimiento del hielo antártico, en pleno invierno austral de 2023, ha dejado anonadada a la

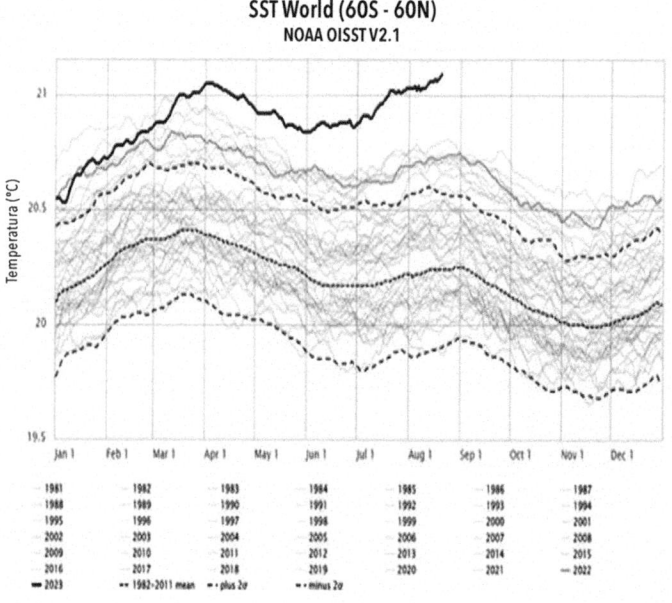

comunidad científica. El calor acumulado en los océanos no dejó que el hielo creciera cuando tendría que haberlo hecho, y así presenciamos un evento que debería haber ocurrido una vez cada 2,7 millones de años. Y el fenómeno de El Niño, ojo, acababa de comenzar.

Es lo que tiene sobrecalentar los océanos: que la energía se tiene que descargar por algún lado. De hecho, la temperatura oceánica en superficie acostumbra a tocar techo alrededor de abril, nunca en agosto. Hasta este 2023.

Y por supuesto, en un verano para la historia, entre ola y ola (de calor) también volaron por los aires cientos de récords de temperatura en tierra, mar y aire. Solo faltaba la traca final en forma de fuegos, ya artificiales, como el de Canarias, que se sabe que fue provocado, ya naturales, como los de las turísticas Grecia e Italia, o el estremecedor de Hawái, donde hubo cientos de desaparecidos. Naturales no porque lo sean, sino porque las sequías prolongadas y cada vez más frecuentes que estamos propiciando son el caldo seco que se necesita para cultivar megaincendios —además de fallos periódicos en las cosechas—, como los que arrasan Canadá mientras escribo estas letras. Vean de manera gráfica la desproporción de lo que está ocurriendo en uno de los países más cercanos al Ártico.

Cuando el hielo y el fuego se dan la mano en una canción ¿??? repleta de anomalías, peligro. Por el *permafrost* y por las emisiones de metano, pero este tema es más apropiado que lo dejemos —metafóricamente— para el final. Antes, el Ecuador.

Como digo, cada vez soy más consciente de que voy en un barco que se hunde, pero precisamente por eso, tengo esperanza, y supongo que ahora toca explicar el porqué.

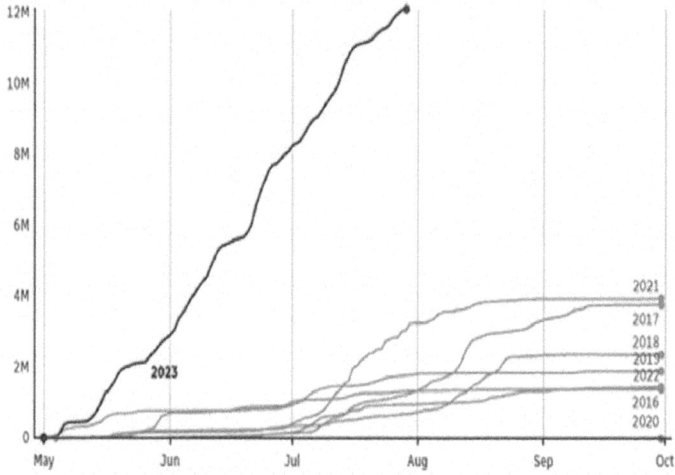

¿Cuánto se ha quemado en lo que va de año en Canadá?
Estimación de hectáreas acumuladas quemadas en incendios forestales en puntos críticos

Actualización 29 de julio, 2023 a las 10:15 am EDT

Canadian Wildland Fire. Information Syatem (Graeme Bruce/CBC)

La tengo porque cada vez somos más las personas conscientes de esta realidad, y eso es justo lo que necesitamos para provocar un cambio social. Tengo esperanza porque, aunque el nivel de incomprensión acerca de la gravedad del colapso ecológico en marcha es inmenso, cada vez se escuchan más esas necesarias señales de alarma en los grandes medios de comunicación, que, aunque tienen casi infinito margen de mejora para tratar estas cuestiones, forzados por las circunstancias, cada vez están teniendo que informar más y deformar menos. Aunque, seamos sinceros, no basta ni por asomo.

Y, sobre todo, la tengo porque en el verano de 2023 vimos tres grandes victorias que hay que celebrar, defender, y sobre todo replicar. El 21 de junio el Gobierno francés decretó oficialmente la ilegalización del movimiento Soulèvements de la Terre, quizá el más ilusionante de Europa. Pues bien, esa sentencia quedó anulada por la propia justicia francesa.

Otro motivo para la esperanza es el juicio que en Montana (Estados Unidos) han ganado unos jóvenes bien organizados. Un juicio que debería sentar precedentes. La sentencia dictamina que los derechos de los demandantes han sido violados por la ley de Política Ambiental de Montana, que protege los combustibles fósiles. Y hay muchos más juicios que van a seguir produciéndose (y ojalá ganándose) hasta quizá llegar al «Nuremberg climático» que demandamos muchos, entre otros, el economista David Lizoain, y que permitiría sentar en el banquillo a los grandes responsables de haber llegado a esta situación: las multinacionales energéticas y los gobernantes manifiestamente irresponsables.

Y si hay un motivo para tener esperanza, este es quizá la tercera noticia: Ecuador. En el Yasuní, uno de los lugares más repletos de vida del planeta, sobrevolaba la amenaza de la extracción del petróleo que almacena su rico subsuelo, pero un movimiento ciudadano logró alzar una consulta popular histórica que ganó el referéndum y consiguió que esa zona sagrada quede libre de explotación «indefinidamente» (aunque habrá que ver). También en el Chocó Andino se ha votado en contra de las explotaciones mineras. La democracia participativa organizada por la propia ciudadanía es —sin duda— la manera más efectiva disponible para hacer frente al enorme y urgente reto que tenemos por delante.

Sobre todo porque los poderes no van a ponerlo fácil, y en el caso del Yasuní el gobierno de Guillermo Lasso se lavará las manos con petróleo mientras aguante en el poder y, cobardemente, ha amenazado con delegar en el siguiente Gobierno la ejecución de lo que la voluntad popular había determinado, para inmediatamente después, al recibir presión mediática nacional e internacional, recular, esperemos que definitivamente.

Una vez cruzado el ecuador metafórico de este texto, queda pendiente hablar de futuro, de estrategias.

Decía ese pozo de sabiduría que era Zygmunt Bauman que las redes sociales eran una trampa, y cada vez es más evidente la razón que tenía. Nos están polarizando y enfrentando. «El yo virtual siempre es más agresivo que el yo real», le escuché una vez a un sabio. Y eso sin mencionar a los *bots* pagados y a las redes de desinformación. La organización que necesitamos no tiene que abandonar las redes, pero tiene que conocer sus limitaciones y apostar por recuperar espacios públicos que unan más que separen.

Unas herramientas que podrían y deberían servir para organizarnos mejor nos están encasillando en nuestras respectivas burbujas y haciéndonos sobre-rreaccionar contra quienes difieren lo más mínimo de nuestra forma de pensar. Los muros están para defenderlos, y en eso se han convertido los perfiles de muchas personas e incluso organizaciones, en trincheras.

Urge armarse de paciencia. Tratar de provocar cambios con acciones de desobediencia civil, con consultas y asambleas ciudadanas que permitan entresacar lo mejor de la inteligencia colectiva, con luchas como las relatadas, con procesos judiciales. Con lo que sea. Es obvio que necesitamos diversidad de estrategias, pero las necesitamos atrevidas y lo más cohesionadas posible para dar un golpe al timón del navío. Y las necesitamos rápido. Porque el tiempo para reaccionar se acaba. Paradójicamente, nuestra civilización titánica no se hundirá contra ningún iceberg, sino contra la —cada vez más cercana— falta de los mismos.

Como decía, soy consciente de que voy en un barco que se hunde. Y las fugas del cascote huelen a metano. Quizá sean la prueba definitiva de lo terminal que es la situación: otro estudio revelador sobre la relación entre los cambios en la concentración de metano y los cambios entre los ciclos glacial e interglacial ha atemorizado incluso a eminencias científicas como Stefan Rahmstorf, que había procurado marcar un perfil moderado.

Hablando claro sobre la gravedad de la situación se está logrando que los medios, políticos, científicos e incluso los tribunales se tengan que posicionar. Solo así, con un debate maduro se podrá quizá tomar alguna medida adecuada. No tenemos tiempo para anestesias. Algunos tenemos juicios pendientes por alertar con peligrosa sangre sabor remolacha sobre lo que está pasando este mismo verano. No esperábamos semejante velocidad, la verdad, pero en la era de la Gran Aceleración un año bien puede valer un mundo.

Cuando las fugas en el barco son tan evidentes, solo hay esperanza si reconocemos que se hunde. Solo hay esperanza si nos ponemos con todas nuestras fuerzas y alegrías a taponarlas. Solo queda lugar para la esperanza si a ella le acompaña la rabia, energía creativa por excelencia que moviliza siete veces más que la esperanza misma. Y obviamente solo habrá esperanza si nos organizamos para ponerles límites a aquellos que nunca se los van a poner a sí mismos. Neymar volando a Arabia Saudita. La *realeza* que pretende ir en helicóptero a la academia militar. Sin limitar el poder de la riqueza de hacer lo que le plazca no hay nada que hacer. Necesitamos un mundo nuevo para evitar las ruinas que, de lo contrario, vendrán a visitar el nuestro.

Decía Cortázar: «Nada está perdido si se reconoce que todo está perdido y hay que empezar de nuevo». Empezar a construir un sistema más participativo —en el Yasuní han puesto un buen cimiento— que pueda tener cintura y margen para reaccionar es una tarea titánica y abrumadora, pero increíblemente emocionante. Una tarea en la que nos jugamos que el futuro no sea un continuo fuego infernal sin apenas hielo que lo enfríe.

Juan Bordera
CTXT, 25 de agosto de 2023

Castillos en el aire

Un fantasma recorre el mundo de las renovables desde el verano de 2023, uno llamado Siemens Gamesa. A principios de junio de ese año, Siemens anunciaba que había tenido que gastarse mil millones de dólares adicionales para arreglar ciertos problemas técnicos en sus turbinas. Ese adicional es importante, porque el año pasado la división de eólica, Gamesa, no solo perdió dos mil millones de dólares, sino que tuvo que pasar por un concurso de acreedores.

Se alegaba, a finales de 2022, que el elevado coste de las materias primas y algún pequeño problema con algunos aerogeneradores instalados (que había afectado a una minúscula fracción del total) habían originado esas pérdidas. Se suponía que, tras el concurso de acreedores y con el nuevo plan de negocio, el camino estaba expedito para un nuevo período expansivo de Gamesa durante 2023. Sin embargo, a principios de agosto Siemens tuvo que avisar que lleva acumuladas durante los primeros meses de este año pérdidas de 4.500 millones de dólares. Lo que es peor, los problemas de Gamesa amenazan a la viabilidad económica de la matriz (antes de la pandemia, Siemens tenía beneficios netos de alrededor de los ocho mil millones de dólares anuales, así que estas pérdidas son más que significativas).

¿Qué está pasando con Siemens?

La subida del precio de las materias primas es, sin duda, un factor importante, pero ni de lejos explica el torbellino en el que está atrapada ahora mismo su filial Gamesa. El problema parece centrarse en algunos aerogeneradores de sus modelos 4.X (con una potencia instalada de hasta 5 MW) y 5.X (con una potencia instalada de hasta 7 MW). Según parece, algunos de esos aerogeneradores parecen presentar fallos en las aspas e incluso en su integridad estructural después de unos años funcionando. Al principio se decía que el porcentaje de aerogeneradores que había fallado era muy pequeño (aproximadamente el 0,04%), pero esa cifra era engañosa porque, en primer lugar, se refería al total del parque de generadores (y no específicamente a los 4.X y 5.X) y, segundo, porque los fallos son estructurales y ha obligado a Gamesa a revisar (y reparar o modificar) muchos más generadores que simplemente los que han fallado. Actualmente se reconoce que el problema puede afectar a entre el 15% y el 30% del total de 132 GW de potencia eólica instalada mundialmente. Eso quiere decir que afectaría a entre unos 20 GW y 40 GW instalados.

De acuerdo con Siemens hay unos 2.100 4.X y unos 800 5.X; asumiendo una potencia de 5 MW para los 4.X y de 7 MW para los 5.X, eso son 17.1 GW instalados, es decir, que los datos no cuadran, pues aunque el problema afectase a todos los 4.X y 5.X (y la noticia dice que solo afecta a algunos), no llegamos ni a los 20 GW de la franja inferior de potencia instalada afectada. En fin, a falta de confirmar qué ha pasado aquí (quizá algún dato sea erróneo, quizá hay también otros modelos afectados, quizá se está contabilizando también modelos de otras empresas), está claro que, contrariamente a la imagen que pretende proyectar la industria, el problema es probablemente mucho más masivo de lo que se dice.

Un dato interesante es que el modelo 4.X se lanzó al mercado entre 2017 y 2019, y el 5.X a partir de 2019. Es decir, que las turbinas han empezado a fallar a los tres-cuatro años de su instalación en el caso de los 5.X, y en menos de seis años en el caso de los 4.X.

¿Qué quiere decir esto?

Quiere decir que la ingeniería de los 4.X y los 5.X no estaba suficientemente testada antes de lanzarla al mercado, y que al cabo de unos pocos años los aerogeneradores se averían, en algunos casos catastróficamente. Arreglar estos aerogeneradores no es sencillo: estoy seguro de que todas las pruebas, planos y simulaciones decían que los aerogeneradores aguantarían sin problema los veinte o treinta años vida útil, así que ahora hay que analizar qué ha fallado, por qué ha fallado y encontrar una solución correctiva que pueda aguantar otros catorce-diecisiete años más. Algo muy complicado cuando el diseño de base parece estar viciado y uno no tiene manera de saber si lo podrá corregir, solo se pueden poner parches.

Es por ese motivo que hay mucha preocupación en Siemens: si los fallos se empiezan a multiplicar, las obligaciones económicas en las que puede la compañía incurrir podrían llevarla a la bancarrota. Sin saber cuáles son las garantías y responsabilidades es difícil cuantificar el riesgo al que están expuestos, pero quédense con este dato: en 2021 el coste típico por MW instalado era de 1,3 millones de dólares. Si lo que está comprometido son unos 20 GW de potencia instalada (el valor inferior que contemplábamos), su coste de instalación sería de alrededor de los 26.000 millones de dólares. En un momento determinado, a Siemens le podría interesar más dar por perdidos todos esos aerogeneradores que intentar repararlos. El problema, por supuesto, es que eso supondría aceptar quedar completamente excluida del mercado eólico, pues no solo perdería los suculentos contratos de mantenimiento, sino que obviamente nadie le volvería a encargar nunca nada. Así que por el momento aprietan los dientes e intentan aguantar, confiando en que la sangría parará, pero obviamente no pueden perder varios miles de millones de dólares al año solo para intentar mantenerse en un mercado con un futuro incierto.

¿Podría pasar con otras compañías?

Desde el principio de esa crisis se planteó si este problema era exclusivo de Gamesa o si realmente afectaba a otras grandes compañías. Y aunque algunos analistas hablaron del riesgo de contagio, de manera oficial se está insistiendo que es un problema único de Gamesa. Eso se dice. Sin embargo, el año pasado las pérdidas del sector fueron masivas: a los 2.000 millones de pérdidas de Gamesa hay que añadir los

2.200 millones de General Electric Wind Power, los '
1.600 millones de Vestas o los 250 millones de Nor-
dex. La causa aducida para justificar estas pérdidas
ha sido, por supuesto, el encarecimiento de las materias primas, aunque en algún caso se ha comentado
que había habido algún cargo por «revisión de turbinas instaladas».

Hace unos meses estuve cenando con un ingeniero de Vestas. Me comentó que un compañero suyo
había ido a visitar una fábrica de la competencia, «a
ver cómo hacían para que no les revienten los aerogeneradores de 5 MW». Oficialmente se comenta muy
poco; por ejemplo, en diciembre pasado Vestas hizo
una provisión de 210 millones de dólares para hacer
frente a «reparaciones y mejoras» en sus turbinas instaladas. Por el momento, el problema parece ser principalmente de Gamesa, pero no me sorprendería si
empezáramos a ver que otras compañías comienzan a
tener problemas serios.

**Pero ¿realmente no podemos construir aerogeneradores
de 5MW o más que duren veinte años?**

Esa pregunta me la hizo hace unas semanas un amigo
ingeniero cuando le estuve comentando estas cosas.
Y mi respuesta fue sencilla: claro que sí sabemos construir aerogeneradores tan grandes que sean durade-
ros. El problema no es construirlos: el problema es que
sean comercialmente rentables. Si lo hacemos todo re-
forzadísimo en titanio y fibra de carbono, seguro que
eso aguanta lo que le echen, pero ¿qué precio tendría?
Sería carísimo, sería comercialmente inviable. Es el

eterno problema de la diferencia entre lo técnicamente factible y lo económicamente rentable.

Lo lógico es que se hubieran ido haciendo desarrollos paulatinos, con muchas horas de testeo, analizando todos los problemas antes de lanzarlos al mercado. Sin embargo, la vorágine renovable actual ha hecho que se lanzasen los modelos de 5 MW y 7 MW sin suficiente seguridad, y ahora los problemas se multiplican. Y para más inri ahora se está hablando ya de modelos de 10 MW, de 15 MW, etc. La pregunta es por qué pasa esto.

La Primera Burbuja Renovable

Lo que está caracterizando los primeros años del declive energético inevitable de nuestra sociedad, causado por la llegada al cénit de producción de los combustibles fósiles y el uranio, es la Primera Burbuja Renovable. Esta burbuja está basada en el modelo de Renovable Eléctrica Industrial (REI) que se está intentando imponer a machamartillo, y que se basa en un despliegue masivo de aerogeneradores y parques fotovoltaicos. Un modelo cuya viabilidad plantea muchas dudas técnicas, algunas que hemos repetido en diversas ocasiones y otras nuevas que se están haciendo especialmente evidentes en el caso de España, aunque en otros países pasan cosas parecidas.

Para empezar, no hay demanda para todas las nuevas instalaciones eléctricas que se proyectan. Este es un tema con numerosos matices (ahora comentaremos algunos), pero lo primero y primordial es no negar los datos. Y los datos de Red Eléctrica Española son bastante claros:

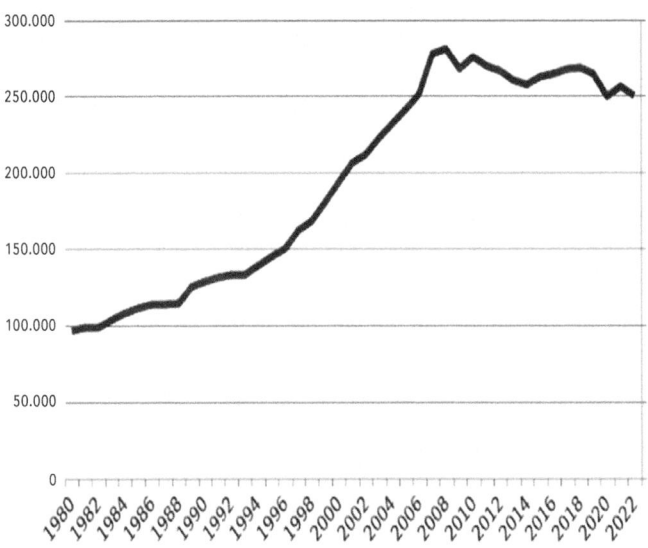

Consumo eléctrico anual en España (GW-h)

De manera semejante a lo que ha pasado en otros países de la OCDE, el consumo eléctrico anual en España tocó techo en 2008 (con 281.000 GW·h, equivalente a una potencia media de 32 GW) y ha seguido una trayectoria más o menos descendente desde entonces: en 2022 el consumo se situó en 250.500 GW·h, equivalente a 28,6 GW de potencia media. El comportamiento desde 2008 no es una simple línea recta descendente, sino que hay subidas y bajadas, pero es innegable que en 2008 se produjo un cambio de tendencia: hasta el 2008 el consumo crecía cada vez más rápido, desde entonces oscila alrededor de una línea ligeramente descendente.

Suelo encontrarme todo tipo de argumentaciones para explicar este comportamiento: desde una supuesta mejora de la eficiencia a ritmos nunca vistos desde 2008 hasta un incremento «exponencial» del autoconsumo. Resulta dificilísimo argumentar con datos estos efectos sobre un período tan largo como son quince años, cuando además parece claro, tanto en España como en el resto de la OCDE, que la causa principal (obviamente no la única, pero sí la de más peso) es la caída del consumo industrial desde la crisis del 2008, de la cual en muchos sentidos no nos hemos recuperado. En todo caso, el hecho es que, dada la caída del consumo en la red de alta tensión (que es lo que mide Red Eléctrica Española), se necesita argumentar muy convincentemente por qué hacen falta tantos sistemas de REI, que justamente irían a alimentar la red de alta tensión.

El argumento estrella es que vamos a sustituir todo el consumo energético actualmente no eléctrico y no renovable por consumo eléctrico renovable. Este tema lo hemos tratado ampliamente (por ejemplo, hablando del coche eléctrico o del hidrógeno verde) y los datos disponibles nos indican que tal cosa es muy difícil, y en algunos casos es directamente imposible. Cuando se hace ese tipo de argumentación, se debería mostrar que las cosas van más allá de la mera factibilidad técnica y que realmente pueden implementarse a gran escala y con una relación de coste/beneficio razonable. Lo cierto es que pasan los años, se ponen muchas subvenciones sobre la mesa, pero las objeciones técnicas siguen ahí, y cada vez son más graves, a medida que conocemos mejor los detalles de cómo se quieren implementar estas soluciones.

Se puede argumentar que podemos incrementar nuestras exportaciones de electricidad gracias a las nuevas renovables, y en ese sentido se está usando como prueba el dato del año pasado, en el que las exportaciones de electricidad fueron récord. El año pasado, en plena crisis nuclear francesa, las exportaciones de electricidad fueron efectivamente muy importantes, pero al final Francia está siguiendo el mismo camino descendente de consumo eléctrico de España, también desde 2008, y resulta por tanto complicado argumentar que esa perspectiva es realmente sostenible.

De todas maneras, y sin necesidad de ir a los grandes planes, se ven ya, ahora mismo, muchísimas lagunas y agujeros en el modelo REI que se quiere para España.

No hay suficientes puntos de conexión a la red de alta tensión, al punto de que actualmente es más valioso tener un derecho de acceso a la red que las propias plantas renovables. Y Red Eléctrica es bastante prudente en sus planes de expansión, porque está lidiando con la dificultad de gestionar con una producción renovable intermitente y asíncrona.

No hay capacidad real de compensar la intermitencia de los sistemas REI con almacenamiento masivo: a pesar de que se insiste en que los problemas de intermitencia se pueden compensar usando baterías u otros sistemas, la realidad es que la cantidad de materiales requeridos y el precio de instalación es prohibitivo si uno quiere realmente compensar la intermitencia a una escala apreciable. Tomemos por ejemplo el proyecto de Naturgy de invertir 117 millones de euros en un sistema de almacenamiento de 290 MW·h. Para una potencia media consumida en España de 28,6 GW, eso equivale a una media de 36,5 segundos del consumo de España. A estos precios, tener una capacidad de almacenamiento equivalente a un día medio en España (unos 686 GW·h) costaría unos 277.000 millones de euros, y para tener el equivalente a veintiocho días necesitaríamos 7,75 billones de euros. Por supuesto que se pueden y deben introducir otras medidas —como la gestión de la demanda— que permitirían reducir estos costes, pero estos números simples ya nos dan una idea de los órdenes de magnitud implicados en cualquier sistema de almacenamiento masivo. Y eso sin contar con la escasez de materiales o el encarecimiento general de los procesos de extracción en minas por la falta de diésel.

No es viable hacer interconexiones de larga distancia, como se argumentaba hace muchos años: las pérdidas se vuelven prohibitivas cuando la distancia recorrida es de miles de kilómetros, aparte de la dificultad de mantener la sincronía de la red, la necesidad de poner caros bancos de compensación para evitar sobrevoltajes, etc.

Hay un secreto a voces en el sector, uno que me han repetido varias veces en los últimos meses: todo el mundo sabe que el actual despliegue masivo de renovables REI es una burbuja, todo el mundo sabe que podremos mantener la actual locura como mucho dos años más. Básicamente, hasta que se acaben los fondos NextGeneration y se agote la inercia de lo ya comenzado. Al margen de lo atinado o no de estas impresiones personales que me han compartido más de una ingeniera y más de un consultor, lo cierto es que la actual locura no parece tener mucho sentido a tenor de los datos.

Tenemos prisa por hacer la transición, nos dicen. Parece que de repente hay mucha gente, gente con dinero, que se ha dado cuenta de que el cambio climático es algo urgente. Y es verdad: la situación es muy preocupante y los nuevos indicios que se acumulan presagian lo peor. Pero ¿es que se piensa que no se ha investigado y desarrollado durante años? ¿Es que creen que podemos tener hoy un modelo funcional de aerogenerador de 5 MW, mañana uno de 10 MW y pasado uno de 15 MW? Hay prisa, sí, pero para intentar mantener este tinglado, este sistema económico esencialmente insostenible. Y la causa real, lo que de verdad les preocupa a los amos del dinero, no es el cambio climático (que a alguno de ellos preocupará, quizá), sino la crisis energética que nos está atropellando a marchas forzadas.

Fruto de esas prisas, de ese ansia por mantener lo insostenible, todo lo que se ha construido en los últimos años son castillos en el aire: aerogeneradores con ingenierías defectuosas, parques sin demanda, siste-

mas de almacenamiento inexistentes, conexiones in-
gestionables... Y ya se sabe lo que le pasa a un edificio
sin cimientos sólidos.

Antonio Turiel
CTXT, 28 de agosto de 2023

Diplomacia energética
en pleno genocidio

«Las empresas ganadoras se han comprometido a realizar una inversión sin precedentes en la exploración de gas natural durante los próximos tres años, lo que se espera resulte en el descubrimiento de nuevos yacimientos de gas natural». El ministro de Energía israelí, Israel Kartz, cerró el domingo 29 de octubre de 2023 la concesión de doce licencias para explorar gas fósil frente a la costa mediterránea del país. En plena ofensiva militar contra la Franja de Gaza, empresas como la italiana Eni, la británica BP o la azerí Socar amplían su negocio gasista. Meses antes, el primer ministro de Israel, Benjamin Netanyahu, aseguró que debían «acelerar las exportaciones a Europa» para acabar con la dependencia energética de Rusia. Estas dos fotografías muestran que los planes expansionistas de Israel en Gaza también tienen que ver con las reservas energéticas del mar palestino.

«¿Ayuda humanitaria a Gaza? No se encenderá ningún interruptor eléctrico, no se abrirá ninguna boca de agua y ningún camión de combustible entrará en Gaza hasta que los secuestrados israelíes sean devueltos». Estas declaraciones del ministro Kartz confirman la estrategia de infringir un sufrimiento indiscriminado a la población de la Franja de Gaza y ejemplifican el control absoluto que ejerce Israel sobre los suministros básicos de Palestina, un territorio que posee dos yacimientos de gas, Marine 1 y 2, a unos treinta y cinco kilómetros de la costa, descubiertos en los años 90 pero que nunca han sido explotados.

De hecho, tanto Gaza como Cisjordania importan energía (gas, petróleo, electricidad) a través de Israel. Antes de la guerra, en la Franja se sufrían constantes cortes de suministro eléctrico, poniendo en riesgo el funcionamiento de los servicios básicos, y obligando al uso de generadores diésel que provocan contaminación y exclusión energética, puesto que el precio del combustible no está al alcance de una población empobrecida. Ahora, con la aplicación de las medidas de Kartz, la situación es mucho más extrema.

Los yacimientos Marine ya fueron uno de los objetivos frustrados de la operación Plomo Fundido lanzada por las fuerzas de ocupación israelíes en 2008, una intervención que se saldó con 14 víctimas israelíes y 1.400 palestinas. Para Palestina, las reservas de gas eran la posibilidad de conseguir cierta independencia energética de Israel. Por este motivo, en 2015, la Autoridad Palestina compró los derechos de explotación de Marine, que poseía Royal Dutch Shell, a través del fondo soberano Palestine Investment Fund, pero Israel nunca autorizó su explotación.

La oportunidad tras la guerra en Ucrania

Aunque el bloqueo a la explotación duró prácticamente una década, el conflicto armado en Ucrania cambió completamente la situación: la seguridad energética de la Unión Europea está en riesgo y la diplomacia energética debía encontrar socios estratégicos fuera de la órbita rusa. Este imperativo fue el desencadenante de tres acontecimientos promovidos por el EastMed Gas Forum, un foro para el desarrollo regional del gas en el Mediterráneo oriental con ocho miembros que encarnan el cruce de intereses entre la región y Europa: Chipre, Egipto, Francia, Grecia, Israel, Italia, Jordania y Palestina; además de tres observadores interesados en la zona: Estados Unidos, Unión Europea y el Banco Mundial.

El primer acontecimiento, en octubre de 2022, es el acuerdo entre Líbano e Israel sobre la frontera marítima. El compromiso adoptado benefició significativamente a Israel, otorgándole el control del yacimiento de gas fronterizo Karish y el 17% de los beneficios de la explotación de las reservas de Qana, pero contentó a Líbano dada su frágil situación económica. Pocas semanas más tarde, Israel llegaba a un segundo acuerdo con Egipto y con la Autoridad Palestina para la explotación de Marine, que suscitó críticas internas y sorpresa, sobre todo del lado de Hamás. Por último, el 15 de junio de 2023, el ministro Kartz, el Comisionado Europeo de Energía Kadri Simson y el ministro de Petróleo y Recursos Naturales de la República Árabe de Egipto, Tarek El Molla, firmaron un memorando de entendimiento que comportaba, básicamente, que las exportaciones de gas de Israel y Egipto hacia Europa se realizarán a través de Egipto, siguiendo el plan europeo para acabar con la dependencia rusa.

Acuerdos marítimos para la ofensiva terrestre

Los movimientos del Gobierno israelí han sido calificados por diversos analistas como una búsqueda de estabilidad regional a través de la diplomacia energética. Este accionar aparentemente moderado es una estrategia que tiene un pivote principal: Occidente. Conseguir el control geoestratégico de parte de las reservas de gas del Mar Levantino y sus vías de exportación conecta con las necesidades de una Unión Europea sedienta de socios gasistas estables.

Por otro lado, el aparente ejercicio de acercamiento hacia los enemigos territoriales, incluso sabiendo que parte de los beneficios de la explotación gasista pueden ir a Hezbolá y Hamás, se inscribe en un tacticismo de «acuerdos marítimos para la ofensiva terrestre». Por ejemplo, el anuncio del acuerdo trilateral Israel-Autoridad Palestina-Egipto, que buscaba mostrar la cara amable de Israel a la Comunidad Internacional, se realizó justo la misma semana en que se expandían los asentamientos en los territorios ocupados.

¿Hacia un nuevo Yom Kippur? La regionalización del conflicto

Las declaraciones y acciones del Gobierno israelí, que suponen una constante violación del derecho internacional y de los derechos humanos más fundamentales, están tensionando la escena internacional hasta tal punto que existe el temor de que se repita la situación de la llamada guerra del Yom Kippur (1973). El enfrentamiento armado de Israel contra Egipto y Siria provocó entonces que la Organización de Países Exportadores de Petróleo —OPEP— estableciera un embargo de la exportación a los países que apoyaron a Israel, desencadenando una subida global de los precios del petróleo y, en consecuencia, un aumento de la inflación.

En una reciente reunión de representantes europeos para discutir sobre los stocks de petróleo, diésel y gasolina, el Comisionado Europeo de Energía declaró: «El petróleo es importante. La falta de diésel podría provocar huelgas. No queremos que nuestros camiones hagan cola para recibir diésel», y añadió: «¿Es este un momento 1973 o no?».

Con todo, parece que cinco décadas después la situación es sensiblemente diferente: Estados Unidos es el mayor extractor mundial de petróleo y gas, la OPEP está menos cohesionada y con más intereses cruzados con Occidente, y la mayoría de los países potencialmente afectados tienen los suministros más diversificados y con reservas. Pero esta realidad puede quedar superada si Israel sigue con su plan de invasión del territorio palestino, y el conflicto sigue escalando y se extiende por toda la región. Hay que tener en cuenta el papel de Irán, que es una potencia exportadora de hidrocarburos gracias a la relajación de las sanciones, y ejerce un fuerte control en el Estrecho de Ormuz, donde circula el 30% del comercio internacional de petróleo y ya existe una disputa abierta con Estados Unidos e Israel.

Qatar, líder mundial en exportaciones de gas natural licuado, es propietaria de Al Jazeera, uno de los pocos medios que ha aportado una mirada crítica al conflicto palestino-israelí. Estados Unidos reclamó a Qatar que debía bajar el tono, porque, según Washington, estaba inflamando a la opinión pública. Turquía es territorio de tránsito de dos de las grandes canalizaciones de gas y petróleo hacia Europa (el BTC y el Corredor de Gas del Sur), y su presidente, Recep Tayyip Erdoğan, acusó a Israel de crímenes de guerra con la complicidad de Occidente en la multitudinaria manifestación de Estambul. Además, el acercamiento israelí a Arabia Saudita —que pretendía dejar aislado a Irán— ha quedado totalmente congelado, y el papel de Egipto también es clave para las rutas de exportación de gas hacia Europa.

La Unión Europea sigue con su búsqueda de la independencia energética sin importarle demasiado qué hacen sus socios estratégicos. Las investigaciones sobre el sabotaje del Nord Stream y el gasoducto entre Finlandia y Estonia siguen sin resolverse, como era de esperar. Pero lo realmente importante para la diplomacia europea y para las potencias de Occidente es asegurar que los suministros fluyen a buen precio y que el botín de guerra caiga en manos de un socio estable y preferente, más allá del coste en vidas humanas y de su cada vez más inexistente credibilidad moral.

Alfons Pérez y Juan Bordera
CTXT, 3 de noviembre de 2023

¿El final de las estaciones?

«El que por azar pare el mundo,
será su salvador.»
Émile Zola

Nos enorgullecemos tanto de nuestros enormes avances técnicos que han conformado una especie de credo: la tecnología siempre vendrá al rescate del progreso. Pero apenas queremos enfrentar una sensación cada vez más evidente: esa «locomotora de la historia» en la que viajamos es más bien un tren bala, y va tan rápido que apenas le quedan estaciones en las que nos podamos detener la naturaleza y todos los que viajamos en él. Lo estamos sintiendo ya: en la piel que suda en las noches de insomnio tropical que se eternizan, en las cosechas que fallan y que suben el precio de la vida, en los incendios, inundaciones, huracanes y granizadas que cada vez cogen más fuerza y se producen con más frecuencia. Y esto es solo el comienzo. Hemos pisado gas tan a fondo que la atmósfera se está volviendo irrespirable y las cuatro estaciones ya parecen solo dos. Lo del tren bala está adquiriendo un doble sentido cada vez más perverso.

Más madera. Más carbón. Más petróleo. Más minerales, aunque no haya suficientes para todo. Más y más rápido. Más progreso y por supuesto más crecimiento. Siempre. Hasta el infinito. En consecuencia, las anomalías y fenómenos extremos también están yendo a más. Ya ahora septiembre es un mes más del verano. Y octubre va camino de serlo también.

La situación del clima del planeta es de todo menos corriente

Septiembre fue un mes que la historia no podrá sino señalar y recordar, de un 2023 inolvidable. En Libia, la tormenta Daniel, convertida en verdadero huracán mediterráneo por haber atravesado una zona de agua anómalamente cálida, descargó tanta agua en pleno desierto del Sáhara que, en las inundaciones resultantes, perecieron cerca de diez mil personas, y otras tantas siguen desaparecidas. Es uno de los peores desastres que se recuerdan en el Mediterráneo. Pero antes de esa tragedia, la misma tormenta Daniel arrasó Grecia: en dos días cayó la lluvia de dos años, y a causa de ello se ha perdido para los próximos años una cuarta parte de la tierra cultivable.

De la Antártida llegaban noticias terribles: tras concluir el invierno austral se certificó que faltaba un pedazo de hielo marino del tamaño de Argentina, simplemente porque el mar está demasiado caliente. Peor aún, ahora sabemos que la capa de hielo continental que cubre la Antártida Occidental ha entrado en un proceso de colapso irreversible (incluso si detuviéramos en seco las emisiones). Solo queda saber si los cinco metros de subida del nivel del mar que implica sucederán en unas cuantas décadas o con suerte en un par de siglos. En el Amazonas, una sequía enorme está acelerando un proceso que va a llevar a uno de los sistemas selváticos más cruciales para el equilibrio climático de la Tierra a un punto de no retorno a partir del cual su conversión en sabana se tornará inevitable. Hay muchas posibilidades de que en 2023 sobrepasemos, temporalmente —o no—, el límite de 1,5ºC. Mucho antes de lo previsto, mucho peor de lo esperado en ningún modelo. Habrá que esperar durante años la confirmación, pero ahí va el aviso que nos manda la Tierra: no os fieis de los modelos. Esto no va a ser en absoluto lineal ni predecible. Y en Acapulco bien lo saben, tras ser machacados por el huracán Otis, de máxima categoría, y que se formó en menos de un día esquivando todas las previsiones.

Tampoco las temperaturas que estamos viviendo en España —incluso en octubre— pasaron desapercibidas para casi nadie. En Canarias tuvieron que cancelar las clases. ¡En octubre! «El calor y el tiempo de toda la vida». También tuvimos, a menor escala, nuestro Daniel, nuestro Otis: el ciclón Bernard se intensificó inesperadamente frente a la costa de Portugal, cobrándose en la provincia de Huelva dos vidas y pérdidas económicas millonarias.

¿De qué nos hablan todos estos eventos? De la cercanía de los puntos de no retorno climáticos. Están saltando aceleradamente y antes de lo previsto, desde la teoría a la realidad más terriblemente cotidiana.

Ante la enormidad de las anomalías registradas en 2023, también se ha calentado un debate científico: ¿a qué debemos achacar el cambio de ritmo que están experimentando tanto los océanos como los incrementos de las temperaturas o la frecuencia e intensidad de los fenómenos extremos? El calentamiento global debido a los gases de efecto invernadero se acelera y es el responsable, pero ¿qué factores circunstanciales están detrás del acelerón?

Sin duda la clave del desequilibrio se encuentra en el balance. En el desbalance, mejor dicho. En el aumento de la energía almacenada por la Tierra. Si la radiación que entra es superior a la que sale, y cada vez la diferencia se hace mayor, se almacena calor. Blanco y en botella.

Valores pequeños en este balance radiativo (cinco veces menores que los que tenemos en estos últimos

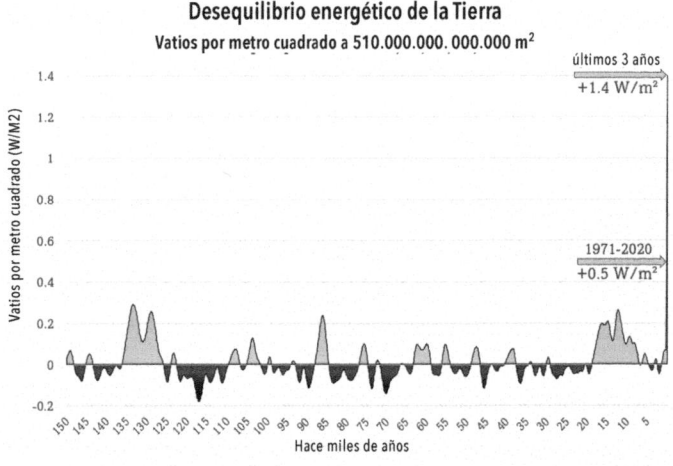

Desequilibrio energético de la Tierra
Vatios por metro cuadrado a 510.000.000.000.000 m²

©Leon Simons - Data sourde: Sarah Shackleton et al., Nature Geoscience(2023); NASA CERES EBAF-TOA All-sky Ed4.2 Net flux

tres años) sirvieron en el pasado para provocar el deshielo de enormes masas de hielo y producir el cambio de ciclo de glacial a interglacial del planeta entero.

Sin embargo, en el clima de la Tierra y su maravilloso funcionamiento todo está conectado, así que las relaciones son bastante más complejas. La nueva fase en la oscilación de las aguas del Pacífico, hacia la parte cálida de su ciclo (El Niño), es sin duda uno de los responsables principales del aumento de la temperatura. Pero estamos hablando de una oscilación natural y cíclica, así que no puede ser el principal responsable, al menos directamente, de este año de récords y anomalías. Además, es tan solo ahora, en la parte final del año, que está comenzando a tener efecto. No le ha dado tiempo a El Niño a ser el responsable. Asumámoslo, hemos sido más bien los adultos.

Un grupo de científicos parece apuntar antes hacia otro factor que ya anotamos en textos anteriores: el efecto que está provocando la menor cantidad de aerosoles que hay en la atmósfera (sobre todo por la nueva regulación marítima que limita enormemente la contaminación que emiten los barcos desde 2020). Un estudio concluye que, sin el efecto de los aerosoles, el calentamiento sería entre un 30% y un 50% mayor. La incertidumbre sobre el efecto que esto tiene es grande, debido sobre todo a los bucles de realimentación que provoca. El efecto es directo, por el bloqueo de la radiación, e indirecto: los aerosoles ayudan a la formación de nubes que también bloquean la radiación.

En realidad, no es uno u otro factor, sino la suma de todos, y los efectos que provocan, incluida la combinación entre ellos. Sin embargo, el componente más decisivo en esta ecuación es casi con toda probabilidad la ralentización de las corrientes, tanto atmosféricas como sobre todo oceánicas.

Las corrientes atmosféricas (los vientos) son el principal motor de las corrientes oceánicas en superficie. El calentamiento global está frenando los vientos en las latitudes más altas, y la falta de viento hace que las aguas del océano no se mezclen tanto y no haya tanta evaporación. Combinado esto con la acumulación de agua dulce proveniente del deshielo ártico en la superficie del mar, obtenemos que la AMOC (el brazo atlántico y meridional de la gran cinta transportadora del océano) se está frenando. Y la AMOC es un elemento clave en el funcionamiento del clima global (es lo que hace que Europa Central, a pesar de estar en la misma latitud que Canadá, tenga un clima más benigno), pero ahora es cuando más lenta está fluyendo en, como mínimo, los últimos mil años.

La ralentización de la AMOC supone una mayor concentración de calor en la superficie oceánica, hecho que a su vez acelera el deshielo en los polos, lo cual acelera la velocidad de todo el ciclo de ralentización. Una auténtica espiral de desestabilización climática.

El calor acumulado en la superficie de los océanos implica que hay mucha energía potencial disponible para reforzar las tormentas que se originen o simplemente pasen por las zonas de acumulación. James Hansen, climatólogo de la NASA ya retirado, habla de *supertormentas*. ¿Se imaginan qué supondrá que en cada vez más zonas costeras se produzcan con creciente repetitividad huracanes como Otis?

La detención de la AMOC, además, desviará el flujo oceánico de calor hacia el sur, enfriando las latitudes más norteñas y desestabilizando todo el hemisferio sur. La Zona de Convergencia Intertropical (ITCZ), donde la circulación atmosférica del hemisferio norte y la del sur se encuentran, y cuya posición variable a lo largo del año gobierna la estación de lluvias en Sudamérica, África y Asia, se desviará hacia el sur, desecando la Amazonía, la selva africana y el sudeste asiático. Ahora piensen en todo el carbono secuestrado por esos grandes bosques que morirían por falta de precipitación y que sería liberado al morir y pudrirse los árboles. O simplemente, que esos bosques dejen de secuestrar tanto carbono como están haciendo ahora, intentando compensar la locura humana. Da vértigo. Y cada vez más estudios, de los más reputados expertos, apuntan a esta posibilidad para este mismo siglo.

No es de extrañar que cada vez más científicos firmen manifiestos en los que admiten que «la vida está en riesgo»; o que Antonio Guterres, secretario general de la ONU, diga que «la era del colapso climático ha comenzado». Viendo la dimensión del problema, lo que no se entiende es cómo hemos tardado tanto en reconocerlo.

El Niño, cada vez más explosivo

Nuestro planeta no es simétrico. Hay más tierra emergida en el hemisferio norte y más superficie marina en el hemisferio sur. Eso hace que la insolación terrestre favorezca una mayor acumulación de energía en el hemisferio sur que en el norte, porque el agua absorbe de manera más completa la radiación solar.

Debido a la rotación de la Tierra, las circulaciones oceánica y atmosférica de cada hemisferio prácticamente no intercambian energía, son bastante independientes. Así que cada cierto tiempo se produce un efecto de alcance planetario: El Niño, una perturbación que se propaga por todo el planeta durante un año completo, de verano a verano, con su punto álgido en torno al día de Navidad (de ahí el nombre de «El Niño»). Después de cada Niño, lo normal es (o era) que se produzcan una o dos «Niñas«, la oscilación contraria, que son como el estado normal pero intensificado y que compensan el exceso de corrección de El Niño.

Pero el ciclo El Niño-La Niña también está cambiando. Los eventos La Niña son cada vez con más frecuencia multianuales, y la fase El Niño, cada vez más explosiva. Esta asimetría peligrosa producirá impactos más grandes en ambos extremos. Los «superniño», además, se dan con más frecuencia que antes. El último, el de 2015-2016, ya produjo una anomalía enorme en uno de los sistemas más robustos del sistema Tierra: la Antártida.

Una Antártida cuya situación ya hemos señalado como muy preocupante. Rodeada por la corriente oceánica más fuerte de la Tierra (pero que también viene ralentizándose rápido), está entrando en un estado diferente: el aumento de la temperatura oceánica en superficie acelera el deshielo, lo que genera a su vez un menor albedo (la menor cantidad de hielo cada vez refleja menos energía al espacio entrando en un bucle de realimentación que aumenta tanto la temperatura oceánica como el propio deshielo).

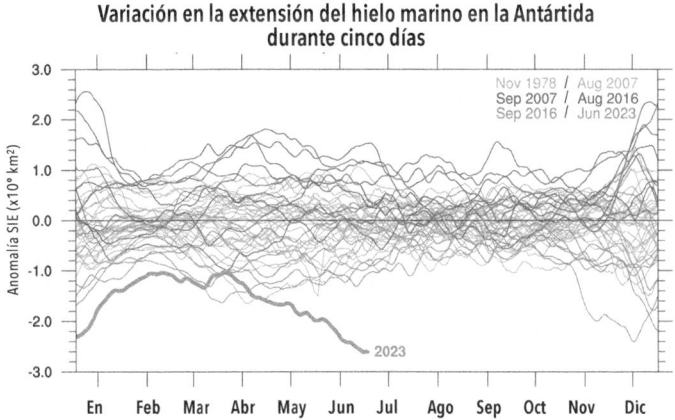

Variación en la extensión del hielo marino en la Antártida durante cinco días

Fuente: Record low Antarctic sea ice coverage indicates a new sea ice state (Nature).

¿Y cuándo se dio ese primer punto de inflexión en uno de los sistemas más robustos de la Tierra? Justo al terminar El Niño de 2015-2016 (y en ese momento no había apenas influencia de los aerosoles). Tras ese año no se ha vuelto a recuperar, y las anomalías han continuado creciendo hasta que hemos llegado al siguiente empujón de la criatura: 2023.

Todo esto son muy malas noticias. Los vaivenes pronunciados y la inestabilidad son síntomas de cercanía a un punto de ruptura, de no retorno, a partir del cual muchos de los sistemas claves para el equilibrio entrarán en una cascada de efectos en la que se van a ir derrumbando unos a otros. Teníamos un clima estable porque los factores decisivos en el equilibrio de ese clima eran estables.

Sí la cantidad de energía que absorbe la Tierra aumenta —recordemos que el 90% del exceso de calor acaba (o acababa) en los océanos—, las oscilaciones naturales que se producen, y que se contenían dentro de la estabilidad del Holoceno, van teniendo más energía con la que sorprendernos, e incluso desbordarnos, provocando anomalías que alimentan el mismo ciclo desestabilizador.

Un cóctel de factores (El Niño, menos aerosoles, el pequeño efecto que haya aportado la erupción de un volcán submarino, estar cerca del máximo solar, etc.) ha producido una mega inestabilidad como esta de 2023, que presumiblemente será aún peor en 2024, al continuar los mismos factores actuando, más la inercia de las emisiones y el desbalance radiativo, que son los verdaderos responsables.

Cuando probablemente en 2025 la fase de El Niño cambie a La Niña, sin duda notaremos un pequeño respiro. Hasta el siguiente golpe, claro. Y así sucesivamente, hasta cruzar un umbral crítico. Como si una canica fuera empujada con fuerza creciente por un niño, hasta que la canica va cogiendo impulso, y cae a un nuevo estado.

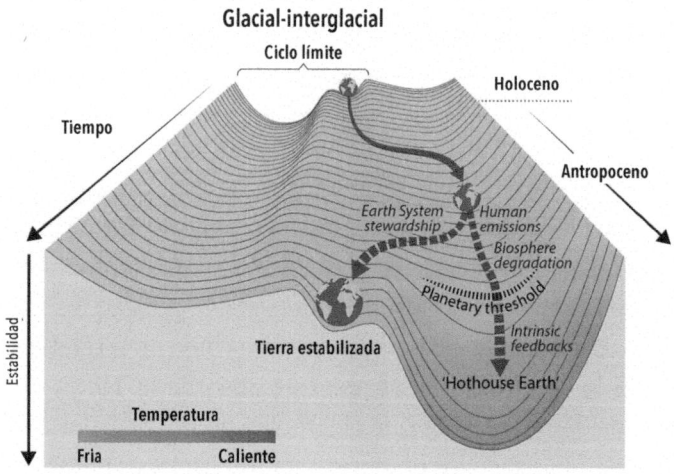

Fuente: Trajectories of the Earth System in the Anthropocene (PNAS).

Hay que diferenciar, eso sí, los efectos previsibles a corto, medio y largo plazo.

A corto plazo vamos hacia un aumento de los fenómenos extremos acentuados por las fluctuaciones naturales (El Niño-La Niña, la Oscilación Decadal del Pacífico, la Oscilación del Atlántico Norte, etc.). A medio plazo, como ya hemos señalado, vamos a un más que probable colapso de la AMOC (e incluso de la MOC al completo) debido al deshielo polar. Y a largo plazo, de no frenar, a la Tierra Invernadero, de la que nos advirtieron hace apenas un lustro algunos de los mejores científicos de la Tierra. El punto de no retorno de ambos cambios de fase podría darse esta misma década, aunque los efectos tarden en mostrarse unas cuantas décadas más.

Pero que nadie piense que el clima se ha vuelto loco. Los locos somos nosotros. Los que hemos sostenido y seguimos defendiendo un sistema demente que pretendía lograr la imposibilidad de crecer eternamente en un planeta finito. Y los defensores de ese tipo de sistema sin sentido —los economistas neoliberales— son los curas de esta religión suicida del crecimiento perpetuo que hasta el papa Francisco ha tenido que venir a señalar como irracional.

El visionario Walter Benjamin ya decía hace casi un siglo: «Marx consideraba que las revoluciones son la locomotora de la historia universal. Pero tal vez se trate de algo completamente distinto. Tal vez sean las revoluciones el gesto por el que el género humano que viaja en ese tren echa mano del freno de emergencia».

La vía se nos acaba. Estamos abandonando el Holoceno, el de las cuatro estaciones estables y la agricultura. Ahora estamos llegando a la última estación del trayecto, la estación Antropoceno. No tenemos ya mucho margen de maniobra, pero sí podemos escoger cómo entramos en ella y a qué velocidad. Podemos frenar lo más suavemente posible esa Gran Aceleración que nunca debimos dejar que se desbocara, para acolchar y atenuar un golpe a todas luces ineludible, o podemos seguir a toda pastilla, mientras negamos la gravedad del asunto, hasta el Gran Frenazo final, salte quien salte por la ventanilla.

El clima del planeta ya no volverá a ser el mismo. El planeta no volverá a ser el mismo. Hemos viajado tan rápido, que hemos llegado a otro planeta sin movernos de casa, y más nos vale poner todo el empeño del mundo, de este nuevo mundo, en comprenderlo, conocerlo y divulgarlo, para poder prepararnos para afrontarlo con sentido común, y de la manera menos individualista posible.

El final de las estaciones no es el final de nada más (y nada menos) que de la estabilidad climática. Es el final de las estaciones estables, conocidas. Y a la vez el principio de un nuevo régimen climático lleno de incertidumbres en el que todo lo que conocemos y amamos estará en riesgo.

Juan Bordera y Antonio Turiel
CTXT, 5 de noviembre de 2023

Anexo 1

Sobre cómo los 'lobbies' diluyen el informe climático más importante del mundo

Juan Bordera, **Antonio Turiel**, **Fernando Valladares**,
Marta García Pallarés, **Javier de la Casa**,
Fernando Prieto y **Ferran Puig Vilar**

El expediente de la vergüenza. Este informe es una letanía de promesas climáticas incumplidas. Sin una reducción rápida y profunda de las emisiones de gases de efecto invernadero en todos los sectores, será imposible evitar el desastre climático al que nos dirigimos por la vía rápida. Las y los activistas climáticos a veces son representados como radicales peligrosos, pero los radicales verdaderamente peligrosos son los países que están aumentando la producción de combustibles fósiles. Estas declaraciones —que podrían pertenecer a cualquier portavoz de un movimiento social— son solo algunas de las frases más contundentes que el secretario general de la ONU, António Guterres, ha proclamado a raíz de la oficialización de la última parte del informe climático más importante del mundo, el del Panel Intergubernamental del Cambio Climático (IPCC).

En esta ocasión se trata del grupo III. El encargado de proponer un plan concreto de mitigación, es decir, de reducir emisiones y buscar soluciones viables (tecnológicas, económicas y sociales) a la mayor crisis a la que se ha enfrentado el ser humano. La ciencia nunca había sido tan clara: hemos de reducir drásticamente las emisiones para tener oportunidades de mantener la estabilidad climática que nos permite vivir en este planeta. Pero el resumen para políticos y gestores (el SPM, por sus siglas en inglés), que será lo único que lea la inmensa mayoría de responsables políticos y líderes empresariales de las más de 2900 páginas del informe, no está a la altura de la ciencia que lo respalda, ni del desafío que suponen el cambio climático, la crisis ecológica y la transición energética. Este documento es lo único que no es estrictamente científico; el protocolo establecido por las Naciones Unidas permite que los países, presionados en muchas ocasiones por sus *lobbies* empresariales, planteen cambios y negocien línea a línea el contenido de este documento. Estamos sin duda ante la parte del informe en la que más se muestra la duplicidad de almas, las luces y sombras, el verdadero carácter —extremadamente bipolar— del proceso de redacción del IPCC.

Tras una última fase de revisión del informe, que se alargó varios días más de lo esperado y llegó a retrasar su publicación debido a la pugna por modificar el resumen, una cosa queda clara y cristalina: el maquillaje que efectúan los *lobbies* y gobiernos al resumen del informe durante el proceso —documentado también por la BBC— es desgraciada e incuestionablemente real, y la rebelión de una parte de la comunidad científica ante esta situación no solo está más que justificada, sino que, vista la inacción, es imprescindible para tratar de solucionar la situación.

En agosto de 2021, gracias a un colectivo de científicos y científicas rebeldes (Scientist Rebellion), logramos publicar la filtración del primer borrador de este grupo III y el impacto internacional fue inmediato: *The Guardian, Der Spiegel, CNBC*, la Universidad de Yale, decenas de medios de más de treinta y cinco países se hicieron eco del mensaje de alerta roja documentado por el IPCC.

Para titular los artículos, los periodistas solían elegir entre dos de las perlas que incluía ese primer borrador, que solo la mano de los científicos y científicas había tocado. Una de ellas, que las emisiones debían tocar techo en 2025 y descender rápidamente, se mantuvo intacta en la versión final de este resumen para políticos. El otro gran titular, que todas las plantas de gas y carbón existentes deberían cerrar en aproximadamente una década, desapareció por completo del resumen.

Pero no es lo único que cambió. Comparando ambas versiones, las sorpresas fueron mayúsculas. Encontramos multitud de ejemplos de cambios que suavizan un informe que, si de algo pecaba de entrada, es de una gran moderación. Y, sobre todo, si algo había cambiado, es el mundo. Los trabajos analizados en el compendio tienen una fecha máxima: octubre de 2021. Desde entonces hemos sufrido los primeros *shocks* graves de una crisis energética y de la cadena de suministros que venía larvándose desde hace años. Ha dado comienzo una guerra que ha cambiado la política y la economía quizá para siempre, y cada vez más voces alertan de que estamos a las puertas de una gran crisis alimentaria. Cuando todo se acelera, la vigencia de los análisis se vuelve aún más efímera.

Probablemente este es el último gran trabajo del IPCC que llega a tiempo de orientar a nuestras sociedades para maniobrar y evitar el descalabro. Hay quien cree que la dirección que se marca en el informe es clara, pero, leyendo el resumen para responsables de políticas, la sensación que nos transmite es más bien la de una civilización que se tambalea inestable mientras va dando bandazos. Una civilización que se sostiene gracias a un petróleo cada vez más escaso, que hay que ir abandonando progresivamente, y a un glaciar que está en fase de deshielo cada vez más acelerada. Tanto la estabilidad climática como la energética dependen de que seamos capaces de aceptar esta situación.

En el proceso, entre la versión del resumen filtrada en agosto de 2021 y la finalmente publicada en 2022, los cambios más destacables son los siguientes:

— Desaparece la mención al cierre de las plantas de gas y carbón en una década. Los *lobbies* de la industria fósil lograron rebajar el tono general del resumen dirigido contra su propia industria. Se sabe que el retraso en la publicación del informe fue principalmente por esta razón. Países interesados —destaca el rol de

Arabia Saudita— presionaron para eliminar esta reco-mendación.

— Se rebaja el tono respecto a la responsabilidad del 10% más rico. En el resumen filtrado se apuntaba que contaminan diez veces más que el 10% más pobre.

— Desaparecen muchas de las alusiones a las emisiones directas de la aviación, la industria del automóvil y el consumo de carne. De hecho, la palabra *meat* desapareció del nuevo resumen. Estas emisiones quedan reflejadas en el recién publicado informe asociadas a otras del sector y por tanto queda diluida su importancia.

— En el primer borrador se alertaba respecto a los «intereses creados» como uno de los factores que imposibilitaban el avance de la transición energética. Esa mención, que sí aparece en el informe, ha caído del resumen, víctima, precisamente, de esos mismos intereses creados que presionan a los gobiernos. (¿Quién dice que no hay poesía en los informes científicos?)

— Se eliminó una de las frases que más enfrentaba el tecno-optimismo absolutamente predominante en el informe: «el coste, el rendimiento y la adopción de muchas tecnologías individuales ha progresado, pero las tasas de despliegue e implementación global del cambio tecnológico son actualmente insuficientes para alcanzar los objetivos climáticos». Una afirmación que chocaba de lleno con la lógica de los mercados de carbono voluntarios y las grandes empresas.

— Sobre el mecanismo de la Captura y Secuestro de Carbono: Arabia Saudita, de nuevo, junto con otros países, como Reino Unido, pugnaron por fortalecer este polémico punto que les permite seguir como si nada pasara, demostrando una absoluta frivolidad. El tecno-optimismo imperante cree que una tecnología por desarrollar vendrá mágicamente al rescate y permitirá incluso «seguir usando combustibles fósiles». Se ha introducido mucho material sobre estas tecnologías para justificar la idea de las cero emisiones netas, que no tiene apenas base científica y que, sin embargo, sostiene la tesis central del informe.

— Desaparece del resumen cualquier tímida mención a los problemas con los materiales necesarios para la transición energética, que son indispensables para el desarrollo de las renovables, las baterías o el coche eléctrico. En el primer borrador estaba presente.

— Desaparece también la mención a la democracia participativa como una de las herramientas principales para desatascar y acelerar una transición para la cual ya no hay apenas tiempo.

— Desaparece por completo el punto que hacía referencia a que «los ambiciosos objetivos de mitigación y desarrollo no pueden alcanzarse mediante cambios graduales». El maquillaje se cebó con las referencias que buscaban resaltar que no basta con cambios individuales y paulatinos.

Afortunadamente, analizando el informe completo —libre de presiones—, sí podemos encontrar un camino que nos dirige nada más y nada menos que a una revolución de nuestros sistemas energéticos y socioeconómicos, dejando entrever la emergente apuesta de una parte de la comunidad científica por el decrecimiento. Es el único camino que nos queda para atajar las múltiples emergencias en las que nuestras sociedades están inmersas. Veintiocho veces se menciona la palabra *decrecimiento* —cada vez menos tabú— en el informe completo, frente a cero en el resumen para políticos. La frase que hacía referencia al carácter insostenible de la sociedad capitalista también se mantiene, demostrando la impecabilidad del informe.

Por primera vez, el IPCC se hace eco de lo que la sociedad civil lleva años advirtiendo, y alerta, en sus capítulos 14 y 15, sobre el obstáculo que entraña el Tratado de la Carta de la Energía (TCE) y su mecanismo de resolución de controversias inversor-Estado (ISDS) para el desarrollo de políticas de mitigación del cambio climático. Y es que, tras haber pasado desapercibido durante tres décadas, este acuerdo internacional para el sector energético continúa protegiendo las inversiones en combustibles fósiles y permitiendo que inversores y multinacionales —precisamente aquellos que nos han abocado a esta encrucijada— puedan demandar a los Estados cuando consideran que han legislado en contra de sus intereses económicos, presentes o futuros. Los números hablan por sí solos: solo en Europa la infraestructura fósil protegida por el tratado asciende a 344.600 millones de euros.

La pregunta es: ¿podemos abandonar los combustibles fósiles sin antes abandonar el TCE? ¿Y por qué no se ha incluido en el resumen para políticos? (España comenzó finalmente en 2022 los trámites para abandonar el TCE).

Llegados a este punto, ya no basta con incluir menciones valientes en informes cuyos resúmenes son después diluidos por los *lobbies*. No solo es normal que una parte de la comunidad científica se rebele y pase a la acción: es más que deseable. Es justo lo que necesitamos para provocar un debate que parecemos evitar. Este debate, el elefante en la habitación, es que necesitamos cambiar el modelo socioeconómico, y rápido. Necesitamos actuar, arriesgar, para quizá, con suerte, inspirar a la sociedad a que se vuelva a movilizar. Necesitamos abandonar los combustibles fósiles antes de que ellos nos abandonen a nosotros.

CTXT, 8 de abril de 2022

Anexo 2:
entrevista a Dennis Meadows

«El crecimiento se va a detener, por una razón o por otra»

Juan Bordera y Ferran Puig Vilar

Inflación galopante. De dos cifras. Guerra. Problemas energéticos cada vez más graves. Olas de calor más potentes y tempranas. Detenciones de científicos. Matanzas en las fronteras. Retroceso en los derechos de la mujer en la —supuesta— cima del Imperio que nos lleva cincuenta años atrás... Justo cincuenta años. ¿Tiene todo esto alguna relación?

En realidad sí.

Se cumplen cincuenta años de la publicación de uno de los trabajos más importantes del siglo XX, *Los límites del crecimiento*, aquel informe encargado al MIT (Instituto de Tecnología de Massachusetts) que ya en 1972 avisaba de que el planeta tenía límites y poco tiempo para enfrentar el choque contra los mismos.

Por ello, Dennis Meadows (Estados Unidos, 1942), uno de los dos autores principales del estudio, ha estado concediendo entrevistas para medios como *Le Monde* o el *Suddeutsche Zeitung*. Fue un honor entrevistarle para *CTXT*.

En el cincuentenario de la publicación del informe, uno de los escenarios —el *standard*— de su modelo sigue siendo muy similar y consistente con la realidad; en él adelantaban que el crecimiento se detendría por la fuerza alrededor del 2020. ¿Es esto lo que estamos experimentando ya? ¿Fue una previsión o una predicción?

Nosotros no hicimos predicciones. Ya dijimos que es imposible «predecir» con exactitud nada en lo que el comportamiento humano sea un factor, lo que hicimos fue modelar doce escenarios consistentes con las reglas físicas y sociales. Doce futuros posibles. Uno de ellos, el *estándar*, como sabes, mostraba que el crecimiento se iba a detener cerca del año 2020. Entonces todas las variables (producción industrial, de alimentos, etc.) tocaban techo y en unos quince años comenzaban a declinar inexorablemente. ¿Se parece esto a lo que estamos viviendo? Yo diría que sí. El mundo está mostrando cada vez más consecuencias de un choque contra los límites. Lo que sí tuvimos fue mucho cuidado, ya en 1972, dejando claro que después del pico de cualquier variable todo se vuelve aún más impredecible, porque entran en juego factores que no podían ser representados en nuestro modelo. Una vez llegados a este punto es obvio que vamos a ser dirigidos más por factores psicológicos, sociales y políticos que por limitaciones físicas.

Le he escuchado denominar al cambio climático como un «síntoma», ¿de qué exactamente?

Es esencial reconocer que el cambio climático, la inflación, la escasez de alimentos, a menudo considerados problemas, en realidad son síntomas de un problema mayor. Así como un dolor de cabeza persistente puede en ocasiones ser un síntoma de cáncer, muchas dificultades actuales son síntomas de niveles de consumo de materiales que han crecido más allá de los límites del planeta. Por supuesto que los síntomas son importantes. Un dolor de cabeza merece una respuesta. Y una aspirina puede hacer que el paciente se sienta mejor temporalmente, pero no resuelve el problema de fondo. Para ello hay que tratar el crecimiento incontrolado de las células cancerosas en el cuerpo. No se puede sostener el crecimiento, digamos, enfrentándonos a los problemas uno por uno. Aunque solucionásemos el cambio climático, nos encontraríamos con el siguiente problema al empecinarnos en seguir creciendo, ya sea escasez de agua, de alimentos o de otros recursos cruciales. El crecimiento se va a detener, por una razón o por otra. Llegados a este punto, dado el retraso en la acción necesaria, ya no podemos evitar un cambio climático grave. Hagamos lo que hagamos. Aunque siempre hay grados.

El mito del progreso, de que la tecnología vendrá al rescate, es una de las ideas más paralizantes para hacer frente al problema real: el decrecimiento es in-

evitable, ya que no se trata de un problema técnico. ¿Quizá lo que necesitamos es un cambio cultural, moral y ético?

Sí, completamente, ese era uno de los puntos cruciales de nuestra obra hace ya medio siglo. En condiciones ideales, la tecnología puede darte más tiempo, pero no va a solucionar el problema. Te puede ampliar el margen, la oportunidad de hacer los cambios políticos y sociales que son necesarios. Pero mientras tengas un sistema que se basa en el crecimiento para solucionar cada problema, la tecnología no podrá evitar que se sobrepasen muchos límites cruciales, como ya estamos viendo.

Pese a la tremenda utilidad e importancia de su trabajo, a usted y sus compañeros les criticaron mucho. Esto sigue ocurriéndole a cualquiera que se sale del discurso dominante: la «happycracia». ¿Existe una imposibilidad social para hablar de según qué temas porque te convierten en el catastrofista, el pesimista que amarga?

Yo era muy ingenuo en los 70, cuando lanzamos el libro. Fui formado como científico, y tenía la impresión de que, utilizando el método científico, producíamos datos incuestionables, y si se los enseñábamos a la gente, entonces esto bastaría para producir un cambio en la mirada y las acciones de las personas. Eso fue una ingenuidad, cuando menos. Hay dos maneras de enfrentar estas situaciones: en una recoges datos y entonces decides qué conclusiones son consistentes con los datos, la manera científica. En la otra, muy habitual, decides qué conclusiones son importantes, y buscas datos que cuadren y apoyen tus «conclusiones». Esto es lo que ocurre con los negacionistas climáticos, por ejemplo. No he tratado de ganar esos debates entre pesimistas y optimistas con este tipo de personas. Cuando alguien viene enfadado a acusarme de lo que sea, simplemente le digo: «Ojalá tengas razón», y sigo adelante.

Existe una tendencia en los sistemas, las empresas, las personas hacia la *autopreservación*, fundamentándonos muchas veces en miradas cortoplacistas que no nos dejan avanzar a largo plazo. ¿cómo luchar contra estas inercias y hábitos?
Sí, la única manera de gestionar esto es ampliar el horizonte temporal y espacial. Y así ver con perspectiva los posibles costes y beneficios. Un ejemplo: la pandemia y su gestión, en mi país [Estados Unidos], ha sido lamentable, muy corta de miras. Si no extiendes las vacunas a todo el espacio, al resto del mundo, no son tan útiles. ¿Cómo ampliar ese marco temporal? Con las siguientes generaciones. La mayoría de la gente tiene preocupaciones legítimas, genuinas, sobre el futuro de sus hijos, sobrinos, nietos.

En España últimamente estamos teniendo buenas noticias al respecto del decrecimiento: la primera asamblea ciudadana por el clima ha elegido entre sus 172 medidas la necesidad de hacer pedagogía con el decrecimiento; varios políticos —incluyendo al que fue ministro de Consumo, Alberto Garzón— han he-

cho declaraciones a favor de abrir este debate ineludible, y el IPCC cada vez incluye más esta palabra en sus informes. ¿Estamos más cerca de un *Tipping Point* social —como suele decir Timothy Lenton—, o tendremos que esperar a que las crisis sean aún más patentes para reaccionar?

La respuesta a ambas cuestiones es sí. Estamos más cerca de un punto de vuelco social positivo, pero, por otro lado, me temo que tendremos que esperar al agravamiento de las crisis para reaccionar. Y es aún peor: si nos hubieran descrito nuestra actual situación en, digamos, el año 2000, habríamos pensado que eso era ya una crisis catastrófica. Somos la rana que no salta de la olla, cocida demasiado a fuego lento. Desgraciadamente creo que esa es nuestra situación.

Según el modelo HANDY —otro modelo de dinámica de sistemas—, un parámetro fundamental para causar colapsos es la desigualdad, que crece en paralelo a la falta de confianza entre semejantes, otra de las principales razones de los colapsos. El diseño de nuestro sistema económico hace que ambas aumenten cada año. Y hace imposible ajustarse a los límites, porque la élite —que suele estar alejada de la realidad y por tanto no detecta las alarmas— es la que sirve de modelo. ¿Cómo desenredar semejante lío?

La verdad no se encuentra en unas pocas ecuaciones, obviamente. Se encuentra en la historia. Y nuestra historia, durante miles de años, muestra que los poderosos buscan más poder, y lo tienen más fácil por su situación para encontrarlo, es un bucle de retroalimentación positivo. En dinámica de sistemas esto se llama «éxito para los ya exitosos». Rara vez nos desviamos de ese fenómeno. Nadie puede desenredar este enredo. No creo que exista ninguna acción o ley que pueda hacer eso. En unas pocas culturas, sin embargo, se han visto mecanismos evolucionados de redistribución. En el Noroeste de los Estados Unidos hay algunas tribus que tienen una costumbre llamada *potlatch*, es una ceremonia en la que los jefes de la tribu, los más ricos, regalaban parte de sus posesiones (estoy simplificándolo, seguro). En el budismo también hay una tradición de desapego a lo material en muchos de sus practicantes. Pero son raras excepciones. En nuestro mundo la tendencia es a acumular poder y, como dices, eso ayuda a estar desapegado de la realidad. Es entonces cuando se acaba produciendo un colapso —también del propio poder— y todo vuelve a empezar de nuevo. Es un proceso que se produce como respuesta a los límites. Y la desigualdad está creciendo en todos los países.

¿Hasta qué punto están las élites anticipando la necesidad matemática de reducir la desigualdad? ¿O solo se están preocupando por su supervivencia?
Bueno, no se puede hablar con propiedad de «élites». Algunas élites están preocupadas y hacen todo lo que pueden para reducir la desigualdad, otras —probablemente la mayoría—ni siquiera piensan en ello, y otras, sin duda, están trabajando para hacerla cada vez más grande. Desde luego no hay una tendencia

hacia la reducción de la desigualdad. Y a veces se dice que el crecimiento ayuda a que llegue riqueza a todo el mundo, lo cual, viendo cómo han crecido simultáneamente las tasas de crecimiento y de desigualdad, es manifiestamente falso.

¿Ve hoy en día más preocupación por el colapso de la civilización en los círculos de poder, económicos y políticos? ¿O siguen con los beneficios a corto plazo como siempre?

Yo no estoy en círculos de poder, así que no puedo responder a eso. Soy un profesor jubilado de ochenta años. Es el cincuenta aniversario de *Los límites del crecimiento* y, salvo por las entrevistas que se hacen sobre un libro que aún despierta interés, no hay tanta atención como podría parecer.

Teniendo en cuenta la miopía espacial y temporal respecto a los límites, ¿no cree que la visión moderna del mundo está obsoleta? ¿Podría sugerir algunas ideas filosóficas para una transición hacia una nueva cosmología?

Gracias por imaginar que puedo tener la capacidad de hacer tales cosas. Que la actual forma de ver el mundo está obsoleta es obvio solo con mirar las noticias. Casi nadie puede estar contento con el estado del mundo. Sobre una nueva cosmología: hay una diversidad enorme de filosofías, prácticas espirituales, muchas de ellas consistentes con el funcionamiento del mundo. Cualquiera que vaya a funcionar tiene que reconocer la interacción y dependencia que tenemos con el mundo natural. Ya hemos comentado el extendido mito de que la tecnología nos llevará a superar cualquier obstáculo. Lo vemos con el reto climático: existe esa cosa llamada Captura y Secuestro de Carbono (CCS). A pesar del hecho irrefutable de que es más barato, rápido y fácil reducir el consumo energético, la tendencia es buscar la solución tecnológica que nos permita hacer lo que ya no podemos seguir haciendo sin causar graves daños. Es una fantasía total. Lo mejor que podemos decir del CCS es que es una idea que va a hacer a unas pocas personas ganar mucho dinero. Estamos como en una cinta de correr que se acelera rápidamente. Ya sabes, esas cintas en las que corres pero no vas a ningún sitio. Eso es lo que estamos haciendo. A medida que vamos tomando malas decisiones, eso nos aboca a crisis que por obligación acortan nuestra perspectiva temporal, todo se vuelve reactivo mientras aceleramos. Eso a su vez ayuda a que tomemos más malas decisiones, porque estrechamos más y más nuestro horizonte temporal. Es un círculo vicioso. Creo que vamos a ver más cambios en los próximos veinte años que los que hemos vivido en los últimos cien. No quiero que pase lo que voy a decir, pero creo que es lo más probable: habrá desastres significativos, debido al caos climático y al agotamiento de los combustibles fósiles; esto devolverá a la humanidad a estados más descentralizados y desconectados. Lentamente, evolucionarán culturas que estén más preparadas para la situación. Solo así, creo, podrá aparecer una «nueva cosmología» apropiada.

¿Cree que una coalición de élites dotadas podría cambiar el curso de los acontecimientos?

¿Élites dotadas? Me suena a oxímoron.

CTXT, 21 de julio de 2022